U0195859

北京园林绿化增彩延绿科技创新工程

基于增彩延绿的北京园林植物物候及景观研究

主　　编　董　丽
副 主 编　郝培尧　张　博　邢小艺
参编人员　李进宇　李冠衡　李　慧　范舒欣　李　坤　吴思佳　李逸伦　吴　尚　魏雅芬

北京常见园林绿化树木物候手册

PHENOLOGY MANUAL OF WOODY PLANTS IN BEIJING URBAN GREEN SPACES

董 丽 等著

中国建筑工业出版社

前言（代序）

习近平总书记在党的十九大报告中明确了“加快生态文明体制改革、建设美丽中国”的新发展目标，树立了“良好的生态环境是人和社会持续发展的根本基础，是最公平的公共产品，是最普惠的民生福祉”的普遍认知。植物景观是城乡风貌的重要组成部分，是一个区域生态环境质量的重要指标，也是保证居民休憩功能的最重要保障，更是一个地区景观美学质量评价的核心组成要素。因此无论一个城市、一个区域乃至整个国土空间，对植物景观的保护、营造和维护都是园林绿化建设最为重要的内容。

改革开放四十年以来，在首都各界的共同努力下，北京市的园林绿化建设取得了巨大成就。北京地处温带，春华秋实、夏荣冬枯、四季分明是其植物景观鲜明的地带性特色。然而，北京的春季虽然繁花似锦，但花期短而集中；夏季绿荫匝地，虽则有云“芳菲歇去何须恨，夏木阴阴正可人”，但满眼绿色仍难免单调；而过于漫长的寒、旱相加的冬季，一方面“玉树琼枝”的美景越来越少，另一方面则是百草凋枯、绿意零星，缺乏生机。随着生活水平的提高，百姓对于生态环境的质量和景观的追求也不断提高。2014年初，习近平总书记在视察北京时指示“要多造林”、“要注重首都冬季景观改善”，因此解决北京园林绿化生态建设中“绿期短、色彩少”的难题，增加城市生物多样性，推动园林绿化高质量发展等成为首都园林绿化建设的重点方向之一。

2015年，北京市园林绿化局启动实施了“北京园林绿化增彩延绿科技创新工程”项目（以下简称“增彩延绿”项目）。项目涉及新优种质资源开发、栽培及养护技术研究，设计研究以及示范工程建设等，涵盖了园林绿化建设的方方面面。项目的开展旨在通过进一步增加首都绿地面积，开发应用丰富多样的植物种类和科学的设计，形成结构合理、景观优美的植物景观，从而增加首都生态空间的生物多样性，提升绿地稳定性，充分发挥园林绿地的生态功能和景观功能，为首都园林绿化建设提供示范。

健康、优美且功能完善的植物景观营造固然受到诸多因子的影响，但从设计角度看“增彩延绿”，顾名思义，一是通过应用花、果、叶等色彩多样的园林植物来丰富植物景观四季色彩效果；二是在尊重地带性气候特点的基础上，在合理应用地带性常绿植物的基础上，充分利用绿色期长（包括春季萌发较早和秋季凋落较晚以及两者兼顾）的植物种类来延长植物景观的观赏期，缩短冬季景观凋零、缺乏生机的时间。这里面体现了植物景观“变化”与“色彩”两方面特征。

相对于园林中其他硬质景观要素而言，植物景观最独特之处，应在于它的变化性。大多数植物的生命周期始于一粒种子，经过萌芽，在年复一年的展叶、开花、结实、落叶循环中完成其个体生命的成长过程，而这一过程中，无时不发生着变化。比如油松，幼龄时株型近似球形，壮龄时亭亭如华盖，老年时却枝干盘虬而有飞舞之姿，这是植物在生命长轴上的动态美；昙花、牵牛花等会在一天甚至更短的时间中经历花开到花落的更替变化；而“千里莺啼绿映红”与“红叶黄花自一川”，描述的恰是植物在一年中因时令循环往复而产生的动态变化，这正是园林中最为生动的季相景观形象。显而易见，植物物候是植物季相景观的基础。色彩作为园林植物景观的永恒主题是普罗大众的共识，也是人类自古以来的追求。无论是“百般红紫斗芳菲”，“接天莲叶无穷碧，映日荷花别样红”，还是“霜叶红于二月花”，均可见植物色彩不仅是时令的表现，更是人类审美的对象，给人类提供了愉悦的感受和心灵的滋润。而这种美景一方面依赖于色彩斑斓的植物材料，另一方面又何尝不是依赖于以物候为指征的植物季相变化。可见，对于园林设计师而言，掌握植物材料的物候特征并据此设计出随季节变化而表现出优美色彩的植物群落，是营造园林植物景观的基础。

两方面的实现，其核心当然是植物材料和植物配植。植物材料方面依赖于开发培育更多绿期长、色彩丰富的优良植物品种，但这是一个漫长的过程，难有立竿见影的成效，需要育种者长期坚持不懈，方可逐渐丰富巧妇为炊之“米”。另一方面则需要设计者充分了解植物材料，尤其是在对其物候和色彩性状充分了解的基础上，成为真正的“巧妇”，合理选择物种和配置方式，做到“物尽其用”，以达到最佳景观效果。后者正是我们开展“基于增彩延绿的北京园林植物物候及景观研究”这一课题的目的。

据此我们进行了两个方面的研究。

第一，北京常见园林树木的物候研究。在北京园林绿化主要应用的树木种类中，有不少乡土树种和适应良好甚至长期应用已归化的引进树种，它们具备或春季发叶早，或秋季落叶晚，甚或两者兼顾的特征。但是如果广大的从业人员，尤其是设计师对植物物候不能细致把握，就难以有针对性地“扬植物所长”，甚至在花期、色彩的搭配上也会由于对物候信息掌握不准确而造成设计的效果难以如愿。实践中不乏许多遗憾。因此，我们在2016至2018年，持续三年对北京市主要木本园林植物的物候进行了科学和详细的观测，并尽可能拍摄了各发育时期的图像资料，最后将138个种（含品种）的结果编纂成《北京常见园林绿化树木物候手册》，书中以物候为线索，呈现了各个时期的植物形态。当然，植物的物候受到诸多因素的影响，既包括大气候的变化，也包括微气候环境的影响，更何况我们今天还处在一个全球气候变化的大背景下，所以年际之间的物候不是一成不变的，但三年的均值应该可以提供相对可参考的信息。何况，物候不仅蕴含植物早春萌发和秋冬凋枯的信息，其周年变化特征更是设计师进行植物景观季相设计的基础。我们期待这些信息不仅能给植物景观设计师们提供一手的资料，同时也会给对植物自然知识感兴趣的大众提供一本参考资料，启迪其对植物物候观测的兴趣与热情，开展生物多样性的科普教育，提升民众生态文明意识。

第二，北京园林植物群落色彩研究。在业已建成的北京园林中，不难发现有许多色彩效果优良的植物景观案例，这是前人设计成就的体现。这些美景不仅发挥着其综合的景观生态效益，同时也作为活生生的样本，成为后来学者学习的榜样。我们在对北京市园林普遍踏查的基础上，选择了400余个植物群落进行了周年季相色彩景观的跟踪调查及其色彩构成特征研究，最终选取了其中80个群落以及北京在过去几年实施“增彩延绿”绿化工程中提升改造的部分示范工程案例，一并收入《北京园林绿化多彩植物群落案例》。本着对原设计的尊重，采用的是实录的方式。每个案例列出测绘的群落平面图、植物种类信息以及典型的季相照片，期待对于设计师，尤其是对年轻设计师具有一定的参考价值。不可否认，由于研究的初衷是聚焦色彩效果，所以有些群落难免在其他方面存在这样那样的问题，相信读者自能学其精华之处。

此次将研究成果分别成册，前者旨在提供植物材料的物候信息以便设计师合理选择材料，后者提供植物群落配置案例供设计师分析、研习、借鉴，两者各具主题而又相互融通。希望以此书出版为契机，将课题成果普之于公众，以飨广大读者，并望为北京园林绿化建设发展尽绵薄之力。

本课题的研究得到了“北京园林绿化增彩延绿科技创新工程”项目的支持。感谢项目主持单位北京园林绿化局副巡视员王小平、科技处副处长杜建军及其他领导对课题务实而认真的指导。感谢课题总负责人北京林业大学林学院刘勇教授在课题执行过程中的鼎力支持。感谢北京市园林科学研究院高级工程师王茂良老师及其研究团队和北京胖龙园艺技术有限公司赵素敏女士等在新优品种物候研究方面给予热情相助。自2015年始，北京林业大学园林学院植物景观规划设计研究团队的多届研究生参与了此课题，其中邢小艺、李坤、吴思佳、李逸伦、范舒欣、谢雅芬、张嘉琦、孙芳旭、关军洪、熊健、陈雪薇、蒲韵、徐梦林、李夏蓉、黄焰、聂一鸣、赵鸿宇、苏雨崤、张丽丽、关海燕、屈琦琦、李如辰、张梦园、冯沁薇、沈晓萌、蒯慧、舒心怡、刘畅、张清等参与了群落调研、测绘及物候观测工作；邢小艺、李坤、吴思佳、刘畅、张清等参与了图纸绘制。这其中，我的博士生邢小艺同学依托该项目完成了其博士论文研究，并承担了所有调研及资料的汇集及整理工作。王丹丹副教授在提升本书测绘图表现效果的绘制方面投入了大量的精力，一并致以衷心谢忱。北京林业大学“风景园林双一流学科建设项目”和“北京林业大学建设世界一流学科和特色发展引导专项资助”为本丛书出版提供资金支持。在书稿出版过程中得到中国建筑工业出版社兰丽婷编辑的倾力支持，在此表示衷心的感谢。

对自然的认知是无止境的，任何研究成果也都是阶段性的。在成果的整理撰写过程中，我们深感内容还有太多不足，呈现方式也有许多不满意之处，不够成熟和错误之处也定在所难免，恳请读者不吝赐教。

董丽

2019.12

目录

前言（代序） Ⅳ

北京常见园林树木物候日历使用说明 X

概述 001

一、物候与植物景观 001
二、北京园林绿化树种简介 002
三、北京园林树木物候观测 005

乔木

一、观花乔木

[白色系]

001 银芽柳 013
002 望春玉兰 014
003 山桃 015
004 玉兰 016
005 白花山碧桃 017
006 樱花 018
‘染井吉野’樱 019
‘青肤’樱 020
山樱 021
‘郁金’樱 022
‘关山’樱 023
‘普贤象’樱 024
007 梅 025
‘丰后’杏梅 026
‘淡丰后’杏梅 027
‘三轮玉蝶’梅 028
‘美人’梅 029
008 山楂 030
009 刺槐 031
010 灯台树 032
011 流苏树 033
012 毛梾 034
013 文冠果 035
014 四照花 036
015 七叶树 037
016 北京丁香 038
017 黄金树 039

[黄色系]

018 梓 040
019 臭椿 041
020 蒙椴 042
021 梧桐 043
022 槐 044

[粉色系]

023 山杏 045
024 辽梅山杏 046
025 小果海棠 047
026 观赏桃 048
‘单粉’桃 049
‘二色’桃 050
‘寒红’桃 051
027 垂丝海棠 052
028 现代海棠 053
‘王族’海棠 054
‘高原之火’海棠 055
029 楸 056
030 毛泡桐 057
031 合欢 058

[红色系]

032 石榴 059

二、秋色叶乔木

[黄 色 系]

033 白桦 061
034 二球悬铃木 062
035 丝绵木 063
036 黑弹树 064
037 蒙古栎 065
038 洋白蜡 066
039 银杏 067
040 杂种鹅掌楸 068
041 华北落叶松 069
042 加杨 070
043 水杉 071

[红 色 系]

044 ‘秋焰’银红槭 072
045 黄连木 073
046 栾树 074
047 元宝枫 075

三、常年异色叶乔木

[紫 色 系]

048 紫叶稠李 077
049 紫叶李 078

[黄 色 系]

050 金叶复叶槭 079

[灰绿色系]

051 沙枣 080

四、观果乔木

052 榆 082
053 枫杨 083
054 胡桃 084
055 皂荚 085
056 柿 086

五、长叶幕期乔木

057 旱柳 088
058 毛白杨 089

灌木

一、观花灌木

[白色系]

059 郁香忍冬 093
060 毛樱桃 094
061 珍珠绣线菊 095
062 红蕾荚蒾 096
063 白丁香 097
064 白鹃梅 098
065 ‘白花重瓣’麦李 099
066 鸡麻 100
067 天目琼花 101
068 金银忍冬 102
069 欧洲雪球 103
070 六道木 104
071 麻叶绣线菊 105
072 三桠绣线菊 106
073 ‘重瓣白’玫瑰 107
074 太平花 108
075 接骨木 109
076 照山白 110
077 野蔷薇 111
078 华北珍珠梅 112
079 糯米条 113

[黄色系]

080 蜡梅 114
081 山茱萸 115
082 迎春 116
083 连翘 117
084 扁核木 118
085 锦鸡儿 119
086 重瓣棣棠 120
087 黄刺玫 121
088 阿穆尔小檗 122

[粉色系]

089 迎红杜鹃 123
090 香荚蒾 124
091 郁李 125
092 榆叶梅 126
重瓣榆叶梅 127
093 紫荆 128
094 紫丁香 129
095 什锦丁香 130
096 波斯丁香 131
097 牡丹 132
098 新疆忍冬 133
099 巧玲花 134
100 蝟实 135
101 柽柳 136
102 薄皮木 137
103 木槿 138
104 紫薇 139
105 胡枝子 140
106 木香薷 141

[红色系]

107 贴梗海棠（皱皮木瓜） 142
108 ‘红王子’锦带 143

[蓝紫色系]

109 荆条 144
110 穗花牡荆 145
111 大叶醉鱼草 146
112 金叶莸 147

二、秋色叶灌木

113 茶条槭 149
114 黄栌 150
115 ‘密冠’卫矛 151

三、常年异色叶灌木

116 金叶风箱果 153
117 牛奶子 154

四、观果灌木

[白色系]

118 红瑞木 156

[黄 色 系]

119 枸 橘 157

[红 色 系]

120 平枝栒子 158
121 水 栒 子 159

[紫黑/蓝黑色系]

122 海州常山 160
123 黑果荚蒾 161

木质藤本

124 紫 藤 165
125 软枣猕猴桃 166
126 美国凌霄 167

附录

使用说明

本书包含138种/品种北京常见园林树木的物候信息。排列方式上，首先以生活型划分为乔木、灌木、木质藤本三大类，在各个生活型下再根据观赏特征划分为观花树种、秋色叶树种、观果树种等。虽各树种在不同生长发育阶段及物候期具有不同的观赏特征，为避免内容过度重复，每一树种按其最具代表性的观赏特征进行归类，即在书中只出现一次。各类典型观赏特征树种又按照色彩做分类排序，如观花乔木以其花色进行了归类；同一色彩或色系树种的出现先后顺序按物候期排列，如同为黄花灌木，迎春因花期早而排在连翘之前。而对于碧桃、樱花、梅花、现代海棠等品种较多的树种，考虑到信息的完整性及可读性，以原种的典型特征作为基础，将同一树种的多个品种集中展示而不再以色彩归类和物候期先后进行排序。

物候日历中包括植物中文种名/品种名及拉丁学名、形态特征、生态习性及观赏特征的简单描述，物候日历时间示意轴，典型物候期植物形态照片，以及植物对生境的适应性、抗逆性、生态功能等。其中树种中文名及拉丁学名以《中国植物志》（http://frps.iplant.cn/）为参考标准。用图1的方式展示物候日历时间示意轴，其中包括叶、花、果的物候期及色彩信息，便于读者快速了解各树种的整体物候信息。

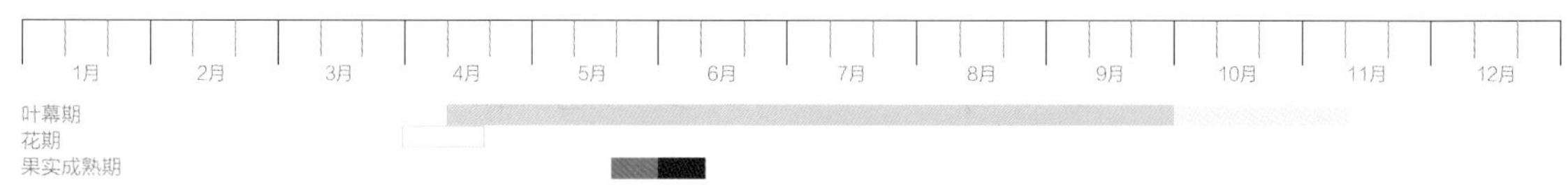

图1　物候日历时间轴示意图（'染井吉野'樱）

为便于读者查阅、理解，以简单直观的图示方式标识了北京常见园林树木的生态适应性及养护要点，包括其对光照、土壤、水分条件及修剪适应性的需求等；根据生态园林建设的需求，还对各树种的抗污染性及生物多样性支持等生态服务功能进行了标注（图2）。

图2　植物生态习性及功能图标示例

概述

一、物候与植物景观

物候是指植物及动物在对其周围生存环境的长期适应过程中形成的周期性生长发育节律或气候、水文等环境条件的周期变化。

物候学主要是研究自然界植物（包括农作物）、动物和环境条件（气候、水文和土壤）的周期变化之间相互关系的科学。我国最早的物候记载始见于《诗经·豳风·七月》一章里："四月秀葽，五月鸣蜩"①，阐释了先人对世界的细致体察。我国物候学奠基人竺可桢先生认为，"物候知识的起源，在世界上以我国为最早"，物候学可以称为"我国土生土长的一门学科"。物候学是介于生物学和气象学之间的交叉学科，其基于对自然季节现象变化规律的认识而服务于农业生产和科学研究。物候学的研究对象包括各种植物的发芽、展叶、开花、叶变色、落叶等，候鸟、昆虫及其他动物的迁移、始鸣、终鸣、始见、绝见等，也包括一些周期性发生的自然现象，如初雪、终雪、初霜、终霜、融冰及河湖的封冻、融化、流凌等。物候现象不仅反映自然季节的变化，而且能表现出生态系统对全球环境变化的响应和适应，因而也被视为是"大自然的语言"②。

物候学包括植物物候学和动物物候学。植物物候学的任务是观测植物发育在一年四季内的各种变化和每年变化到来的时刻，阐明植物周期发育过程中的规律及周期发育过程对周围环境条件的依赖关系③。植物是园林景观中最具生命力的动态要素，而植物的生长发育过程与大自然的气象、气候变化有着极为紧密的联系，因而植物景观乃至园林景观动态的呈现与植物物候节律息息相关。物候是植物景观动态变化的基础，也是园林景观变化最明显、易观察的外在特征。要营造出具有季相律动的植物景观，需对植物的生态习性、观赏特性及其生长发育节律——物候有充分而深入的了解。

除了与城市绿地景观风貌相关，园林植物物候亦是反映城市环境变化的综合指标之一。近年来，随着物候学研究的深入，研究者逐渐认识到植物物候以其对环境因素的高敏感性可作为监测全球变暖等气候变化的综合指标。环境学家及物候学家Mark Schwartz指出，植物物候学这一聚焦植物周而复始生命现象及其与气候相关性的学科，是进行气候变化研究的一个关键角度④。年际气候变化及城市热环境异质性是导致园林植物物候时空差异的主要原因，该差异不仅能反映城市整体生态环境在全球气候变化背景下的格局动态，也可体现园林植物在日益复杂的城市环境变化中的生态弹性及生态适应性。

综上所述，物候是了解园林植物景观动态变化特征的绝佳切入点，特别是在生态设计理念不断被强调与倡导的今日，掌握植物物候特征对于合理应用植物材料、营造色彩丰富、绿色期持久的城乡植物景观具有十分重要的意义。

① 王秀梅译注（2015）. 诗经. 北京：中华书局.
② 竺可桢，宛敏渭（1963）. 物候学. 北京：科学普及出版社.
③ 施奈勒（1965）. 植物物候学. 北京：科学出版社.
④ Schwartz MD (2013). Phenology: An Intergrative Environmental Science, 2nd edition. Springer.

二、北京园林绿化树种简介

据调查统计，我们记录到北京地区主要的园林绿化树种有250余种（含品种）。常绿及半常绿树约21种，其中常绿阔叶树3种，半常绿阔叶树5种，常绿针叶树13种。落叶树约234种（含品种），其中落叶阔叶树232种（含品种），落叶针叶树2种；落叶乔木122种（含品种），落叶灌木103种（含品种），落叶藤本10种（含品种）。根据不同观赏特性将北京园林绿化树种划分为观花树种、观叶树种、观果树种等几大类。因植物在不同物候阶段（如盛花期、秋色期）会呈现不同类型的观赏特性，故同一树种可同时隶属于多个类群。

(一) 北京园林绿化树种之观花树种

北京地区园林绿化所应用的观花树种共约170种（含品种），包括乔木69种（含品种）、灌木92种（含品种）、木质藤本10种（含品种）。观花树种按花色可划分为白色系、黄色系、红色系、粉色系、蓝紫色系等几类。其中白色系观花乔木约有31种（含品种）、黄色系观花乔木约有12种（含品种）、粉色系观花乔木约有22种（含品种）、红色系观花乔木约有3种（含品种），白色系观花灌木约有38种（含品种）、黄色系观花灌木约有15种（含品种）、粉色系观花灌木约有30种（含品种）、红色系观花灌木约有3种（含品种）、蓝紫色系观花灌木约有6种（含品种），白色系木质藤本约5种（含品种）、黄红色系木质藤本3种、蓝紫色系木质藤本2种（表1）。

北京园林绿化树种之观花树种　　表1

生活型	花色	树种
乔木	白色系	银芽柳*、望春玉兰*、山桃*、白花山碧桃*、白花郁李、玉兰*、‘青肤’樱*、‘染井吉野’樱*、山樱*、‘江户彼岸’樱、‘三轮玉碟’梅*、紫叶李*、‘普贤象’樱*、‘太白’樱、‘淡丰后’杏梅*、稠李、紫叶稠李*、山楂*、杜梨、秋子梨、刺槐*、灯台树*、文冠果*、流苏树*、毛梾*、四照花*、七叶树*、欧洲七叶树、黄金树*、北京丁香*、香椿
	黄色系	旱柳*、元宝枫*、‘飞黄’玉兰杂种鹅掌楸*、梓树*、臭椿*、栾树*、蒙椴*、糠椴、华东椴、梧桐*、国槐
	粉色系	二乔玉兰、山杏*、辽梅山杏*、‘丰后’杏梅*、美人梅*、小果海棠*、海棠花、海棠果、‘松前红绯衣’樱、‘关山’樱*、垂枝樱、‘八重红枝垂’樱、垂丝海棠*、‘单粉’桃*、‘二色’桃*、帚桃、粉花山碧桃、‘王族’海棠*、‘高原之火’海棠*、楸*、毛泡桐*、合欢*
	红色系	‘寒红’碧桃*、绛桃、石榴*
	其他色系	‘郁金’樱*（花色由黄绿变淡粉）
灌木	白色系	郁香忍冬*、毛樱桃*、珍珠绣线菊*、红蕾荚蒾*、红瑞木*、枸橘*、水栒子*、白丁香*、白鹃梅*、‘白花重瓣’麦李*、鸡麻*、天目琼花*、金银忍冬*、六道木*、麻叶绣线菊*、三桠绣线菊*、菱叶绣线菊、土庄绣线菊、风箱果、金叶风箱果*、‘重瓣白’玫瑰*、欧洲雪球*、太平花*、大花溲疏、小花溲疏、接骨木*、西洋接骨木、蚂蚱腿子、照山白*、雪柳、辽东水蜡、野蔷薇*、华北珍珠梅*、‘白花’大叶醉鱼草*、糯米条*、‘白花’木香蔷*、‘冰山’丰花月季、海州常山*

续表

生活型	花色	树种
灌木	黄色系	蜡梅*、山茱萸*、迎春*、连翘*、扁核木*、锦鸡儿*、重瓣棣棠*、黄栌*、黄刺玫*、报春刺玫、阿穆尔小檗*、细叶小檗、紫叶小檗、香茶藨子、‘金奖章’壮花月季
	粉色系	香荚蒾*、迎红杜鹃*、郁李*、‘粉花重瓣’麦李、榆叶梅*、重瓣榆叶梅*、紫荆*、紫丁香*、什锦丁香*、波斯丁香*、牡丹*、新疆忍冬*、小叶丁香*、蝟实*、‘粉公主’锦带、‘花叶’锦带、海仙花、柽柳*、柳叶绣线菊、‘金山’绣线菊、‘金焰’绣线菊、日本绣线菊、薄皮木*、‘粉和平’杂种香水月季、‘光谱’月季、木槿*、紫薇*、胡枝子*、杭子梢、木香藨*
	红色系	贴梗海棠*、‘红王子’锦带*、‘绯扇’杂种香水月季
	蓝紫色系	互叶醉鱼草、‘紫花’大叶醉鱼草*、荆条*、穗花牡荆*、金叶莸*、莸
	紫黑色系	紫穗槐
木质藤本	白色系	白花紫藤、金银花、软枣猕猴桃*、中华猕猴桃、木香
	黄色系	盘叶忍冬
	红色系	美国凌霄*、贯月忍冬
	蓝紫色系	紫藤*、多花紫藤

注：* 为物候观测树种。

（二）北京园林绿化树种之观叶树种

北京地区园林绿化中的观叶树种包括常绿及半常绿树种及以彩叶为突出观赏特性的树种，后者大部分为落叶树种，主要包括秋色叶和常年异色叶树种两大类。

1. 常绿及半常绿树种

北京地区园林绿化中应用的常绿及半常绿树种共约21种，其中常绿针叶乔木9种、常绿针叶灌木4种、常绿阔叶灌木3种、半常绿阔叶灌木1种、半常绿阔叶藤本4种（表2）。

北京园林绿化树种之常绿及半常绿树种　　表2

生活型		树种
乔木	针叶	青扦、白扦、蓝粉云杉、雪松、白皮松、油松、华山松、侧柏、圆柏
灌木	针叶	铺地柏、沙地柏、粗榧、矮紫杉
	阔叶	大叶黄杨、黄杨、日本女贞、皱叶荚蒾（半常绿）
藤本	阔叶	扶芳藤（半常绿）、胶东卫矛（半常绿）、木香（半常绿）、金银花（半常绿）

注：* 为物候观测树种。

2. 秋色叶树种

北京地区园林绿化中应用的秋色叶树种共约65种（含品种），其中乔木44种（含品种）、灌木19种（含品种）、藤本2种。按秋色叶叶色，又将上述树种划分为黄色系和红色系两类（表3）；其中黄色系秋色叶乔木31种（含品种）、红色系秋色叶乔木12种（含品种），黄色系秋色叶灌木10种（含品种）、红色系秋色叶灌木9种（含品种）。需注意的是，落叶树种可能因光照、温度等环境因子的差异而呈现出不同色彩的秋色叶效果。

北京园林绿化树种之秋色叶树种 表3

生活型	秋色叶叶色	树种
乔木	黄色系	白桦*、辽梅山杏*、黄金树*、二球悬铃木*、一球悬铃木、三球悬铃木、丝绵木*、玉兰*、小叶朴*、朴树、青檀、蒙古栎*、洋白蜡*、银杏*、杂种鹅掌楸*、楸*、石榴*、灯台树*、华北落叶松*、‘丰后’杏梅*、加杨*、水杉*、栓皮栎、槲树、槲栎、蒙椴*、华东椴、梧桐*、新疆杨、钻天杨、盐肤木
	红色系	山樱*、山杏*、‘秋焰’银红槭*、黄连木*、栾树*、元宝枫*、鸡爪槭、四照花*、榉树、夏栎、沼生栎、鹅耳枥
灌木	黄色系	白鹃梅*、紫荆*、锦鸡儿*、接骨木*、照山白*、重瓣榆叶梅*、郁香忍冬*、珍珠绣线菊*、‘重瓣白’玫瑰*、‘红王子’锦带*
	红色系	茶条槭*、郁李*、迎红杜鹃*、天目琼花*、黄栌*、‘火焰’卫矛*、紫丁香*、山茱萸*、红蕾荚蒾*
藤本	红色系	地锦、五叶地锦

注：* 为物候观测树种。

3. 常年异色叶树种

北京地区园林绿化中应用的常年异色叶树种共约23种（含品种），其中乔木11种（含品种）、灌木12种（含品种）。按叶色，又将上述树种划分为红紫色系、黄色系、灰绿/蓝绿色系和花叶四类（表4）；其中红紫色系异色叶乔木5（含品种）、黄色系异色叶乔木3（含品种）、灰绿/蓝绿色系异色叶乔木3种（含品种），红紫色系异色叶灌木2（含品种）、黄色系异色叶灌木7（含品种）、灰绿/蓝绿色系异色叶灌木1种，花叶异色叶灌木1品种。

北京园林绿化树种之常年异色叶树种 表4

生活型	叶色	树种
乔木	红紫色系	紫叶稠李*、紫叶李*、紫叶矮樱、紫叶桃、红枫
	黄色系	金叶复叶槭*、金叶榆*、金枝国槐
	灰绿/蓝绿色系	沙枣*、白扦、蓝粉云杉
灌木	红紫色系	紫叶风箱果、紫叶小檗
	黄色系	金叶风箱果*、金叶接骨木、金叶连翘、‘金亮’锦带、金叶女贞、‘金山’绣线菊、‘金焰’绣线菊
	灰绿/蓝绿色系	牛奶子*
	花叶	‘花叶’锦带

注：* 为物候观测树种。

（三）北京园林绿化树种之观果树种

北京地区园林绿化所应用的观果树种共约66种（含品种），包括乔木31种（含品种）、灌木32种（含品种）、藤本3种。观果树种按果实成熟期色彩及形态等特征可划分为白色系、黄色系、红色系、紫黑/蓝黑色系、观果形等几类（表5）。其中白色系观果乔木1种、黄色系观果乔木5种（含品种）、红色系观果乔木12种（含品种）、紫黑/蓝黑色系观果乔木8种（含品种）、观果形乔木5种，白色系观果灌木2种、黄色系观果灌木1种、红色系观果灌木20种（含品种）、紫色系观果灌木1种、紫黑/蓝黑色系观果灌木7种（含品种）、观果形灌木1种，观果形藤本3种。

北京园林绿化树种之观果树种　　表5

生活型	果实成熟期色彩	树种
乔木	白色系	银杏*
	黄色系	‘淡丰后’杏梅*、‘丰后’杏梅*、‘三轮玉蝶’梅*、山杏*、柿*
	红色系	‘青肤’樱*、臭椿*、四照花*、望春玉兰*、山楂*、黄连木*、‘染井吉野’樱*、山樱*、石榴*、构树、柘树、枣
	紫黑/蓝黑色系	紫叶稠李*、流苏*、毛梾*、小叶朴*、桑树、君迁子、冻绿、黄檗
	观果形	胡桃*、榆*、枫杨*、皂荚*、杜仲
灌木	白色系	红瑞木*、雪果
	黄色系	枸橘*
	红色系	郁香忍冬*、毛樱桃*、金叶风箱果*、香荚蒾*、新疆忍冬*、榆叶梅*、郁李*、山茱萸*、水枸子*、天目琼花*、金银忍冬*、牛奶子*、阿穆尔小檗*、平枝枸子*、东北茶藨子、山楂叶悬钩子、南蛇藤、红雪果、矮紫杉、粗榧
	紫色	白棠子树
	紫黑/蓝黑色系	鸡麻*、黑果荚蒾*、接骨木*、西洋接骨木、海州常山*、红蕾荚蒾*、刺五加
	观果形	叶底珠
藤本	观果形	中华猕猴桃、软枣猕猴桃*、紫藤*

注：* 为物候观测树种。

三、北京园林树木物候观测

(一) 物候观测方法

本书中的物候数据是基于《中国物候观测法》[1] 于2016~2018年期间进行的物候观测所得。

1. 物候观测对象

为充分了解北京园林绿化树种的物候特征，研究选择北京园林绿地中常见的百余种（含品种）木本植物进行持续物候观测（附录）。每一树种选择3~5株长势良好、开花结实三年以上的中龄树作为观测对象；观测对象种植地点四周开阔、南北侧无明显遮挡，以尽可能减少周围其他因素造成的小气候影响。

2. 物候观测地点

物候观测地点的选择充分考虑北京城市环境对植物物候期的影响，综合植物种类、生长状况、观测条件要求等因素，选取龙潭公园、陶然亭公园、玉渊潭公园、景山公园、北海公园、地坛公园、北京奥林匹克森林公园、颐和园和北京植物园等10处观测样地，在一定程度上体现市中心到近郊区的分布梯度，

① 宛敏渭，刘秀珍（1979）. 中国物候观测方法. 北京：科学出版社.

以使物候观测数据能尽可能体现北京市的整体物候特征。受全球变暖、城市热岛、极端天气等气候变化的影响，北京市区的植物物候呈现出较明显的年际波动。本书中呈现的物候期数据为三年、多样地观测数据的统计均值，尚不足以表征长期物候特征，仅宜用作近年植物物候特征之参考。

3. 物候观测时间

物候观测从2016～2018年共持续3年，观测时间基本涵盖北京大部分落叶树种的完整生命周期。由1～2名固定观测者于每日14：00 开始进行观测（因一天中一般以13：00～14：00为气温最高时段，植物物候现象常于高温后出现）。观测周期根据季节气候特征及物候变化速率做相应调整：春秋两季气温升降幅度大、物候变化急剧，以1～2天为观测周期；夏冬两季物候变化平缓，可酌量减少观测次数，但不能错失时机，一般以3～5天为观测周期；植物在冬季停止生长期间，可以酌情停止观测。

4. 物候期记录

物候观测记录以《中国物候观测方法》为基础，以a、b、c三级物候代码进行记录①。a、b、c三级物候代码方法由欧洲通用的二级物候划分方法BBCH Scale② 改进而来，旨在通过增加物候数据分级来提高数据精度。大量研究表明，应用BBCH法可在物候数据取样密度较低的情况下获得较为理想的物候数据③。a、b、c三级物候代码秉承了BBCH法的优点，又进一步丰富了物候数据信息、提高了数据精确性，其中a、b、c分别表示物候期、物候亚期及过渡期，过渡期（c）根据物候亚期的进展程度划分为1～4（5即进入下一个物候亚期）。本研究观测记录的物候期及物候亚期包括：

发芽物候期——芽膨大期（1.1）、芽开放期（1.2），展叶物候期——展叶始期（1.3）、展叶盛期（1.4），花物候期——现蕾/花序期（2.3）、始花期（2.4）、盛花期（2.5）、末花期（2.6），结果物候期——结果始期（3.1）、果实成熟期（3.2）、果实脱落期（3.3），秋色物候期——叶色始变期（4.1）、秋色叶盛期（4.2），落叶物候期——落叶始期（5.1）、落叶末期（5.2）。

在物候观测工作中作为辅助记录方式，同时拍摄有与上述物候期相对应的物候相照片，详尽的物候期数据及图像信息均在本书物候日历部分得以展示。本书图文并茂的物候信息有助于设计师深入了解北京园林绿地中常见树种的典型物候期，并对植物各物候期的形态特征有一个直观认识，从而在植物景观设计中实现植物材料的合理应用。对于园林植物初学者及大众来说，本书亦可作为一本识别手册，帮助其进行植物基础认知。

（二）物候观测树种

诚然常绿树对于丰富北京冬季及早春景观、维持四季有绿可赏具有十分重要

① 邢小艺，郝培尧，李冠衡，李慧，董丽．北京植物物候的季节动态特征——以北京植物园为例［J］．植物生态学报，2018，42（09）：906-916.

② Meier U (2001). Growth stages of mono-and dicotyledonous plants-BBCH Monograph, 2nd edition. Federal Biological Research Center for Agriculture and Forestry.

③ Cornelius C, Petermeier H., Estrella N (2011). *A comparison of methods to estimate seasonal phenological development from BBCH scale recording*. Int J Biometeorol, 55, 867-877.

的作用，但考虑到落叶树为北京地带性植被最主要的树种构成类型，且北京植物景观的季相动态呈现很大程度上依赖于落叶树的物候变化，因而本书仅介绍北京地区常见落叶树种的物候信息，而不涉及常绿树种。从上文250余个北京园林绿化树种中选择138种（含品种）具有较高应用频率或突出观赏特征的落叶树种，对其物候期进行持续观测，并将其物候信息进行图文并茂的综合呈现，所选树种在表1～表5 中以“*”标示。各树种的观赏性状、应用特征等信息详见书后附录。

叶幕期指植物展叶始期至落叶末期之间的持续期长短，长叶幕期主要体现为展叶早、落叶晚或二者兼备，尤以最后一类为佳。“增彩”“延绿”是北京园林植物景观提升的两大重点方向，除以色彩为突出特征的花、叶、果等观赏特性外，长叶幕期对于延长北京植物景观观赏期具有重要价值。

根据北京地区的基本物候情况和树种的展叶物候期，又从中筛选出“延绿”树种32种，包括乔木10种、灌木22种。其中以展叶始期早于4月上旬为标准筛选出展叶早乔木8种、展叶早灌木18种（含品种）（表6），以落叶末期晚于12月上旬为标准筛选出落叶晚乔木3种、落叶晚灌木10种（含品种）（表7）。

“延绿”之展叶早树种 表6

生活型	展叶始期	树种
乔木	3月上旬	小果海棠、垂丝海棠
	3月中下旬	旱柳、丝绵木、华北落叶松、山桃、山楂
	4月上旬	紫叶稠李
灌木	3月中旬	扁核木、牡丹、香荚蒾、贴梗海棠、白鹃梅、麻叶绣线菊、珍珠绣线菊
	3月下旬	黄刺玫、平枝栒子、糯米条、新疆忍冬
	4月上旬	华北珍珠梅、‘重瓣白’玫瑰、重瓣棣棠、水栒子、紫丁香、白丁香、蝟实

“延绿”之落叶晚树种 表7

生活型	落叶末期	树种
乔木	12月上旬	水杉、毛白杨、旱柳
灌木	11月下旬	珍珠绣线菊、‘重瓣白’玫瑰、平枝栒子、黑果荚蒾、郁香忍冬
	12月上旬	蜡梅、麻叶绣线菊、重瓣棣棠
	12月中旬	糯米条、红蕾荚蒾

结合展叶始期及落叶末期特征，筛选出展叶早及落叶晚的长叶幕期乔木5种、灌木18种（含品种）（表8）。

“延绿”之长叶幕期树种 表8

生活型	树种
乔木	旱柳、毛白杨、丝绵木、水杉、小果海棠
灌木	珍珠绣线菊、麻叶绣线菊、‘重瓣白’玫瑰、重瓣棣棠、糯米条、平枝栒子、蜡梅、华北珍珠梅、野蔷薇、鸡麻、贴梗海棠、白丁香、紫丁香、蝟实、香荚蒾、黑果荚蒾、红蕾荚蒾、郁香忍冬

3 月

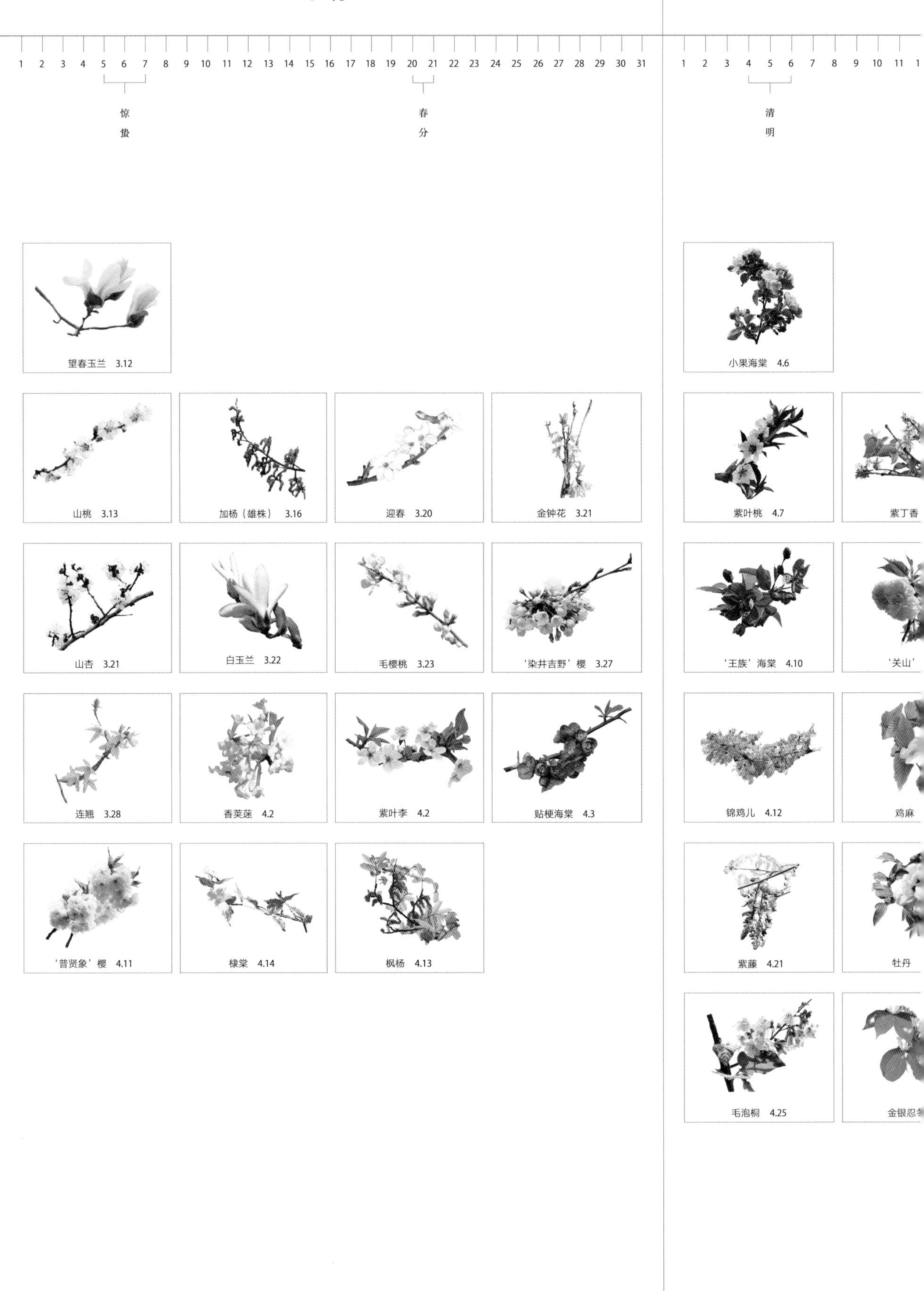

望春玉兰 3.12

小果海棠 4.6

山桃 3.13

加杨（雄株） 3.16

迎春 3.20

金钟花 3.21

紫叶桃 4.7

紫丁香

山杏 3.21

白玉兰 3.22

毛樱桃 3.23

‘染井吉野’樱 3.27

‘王族’海棠 4.10

‘关山’

连翘 3.28

香荚蒾 4.2

紫叶李 4.2

贴梗海棠 4.3

锦鸡儿 4.12

鸡麻

‘普贤象’樱 4.11

棣棠 4.14

枫杨 4.13

紫藤 4.21

牡丹

毛泡桐 4.25

金银忍冬

5 月

19 20 21 22 23 24 25 26 27 28 29 30

1 2 3 4 5 6 7 8 9 10 11 12 13 14 15 16 17 18 19 20 21 22 23 24 25 26 27 28 29 30 31

立夏

丁香 4.8

紫荆 4.10

色'桃 4.11

红瑞木 4.11

玫 4.16

波斯丁香 4.19

花 4.24

杂种鹅掌楸 4.24

实 5.3

'红王子'锦带 5.13

七叶树 5.15

太平花 5.15

臭椿 5.16

黄金树 5.18

北京常见木本植物盛花期物候图谱

一、观花乔木

Flowering trees

［白色系］

银芽柳
望春玉兰
山桃
玉兰
白花山碧桃
樱花
'染井吉野'樱
'青肤'樱
山樱
'郁金'樱
'关山'樱
'普贤象'樱
梅
'丰后'杏梅
'淡丰后'杏梅
'三轮玉蝶'梅
'美人'梅
山楂
刺槐
灯台树
流苏树
毛梾
文冠果
四照花
七叶树
北京丁香
黄金树

［黄色系］

梓
臭椿
蒙椴
梧桐
槐

［粉色系］

山杏
辽梅山杏
小果海棠
观赏桃
'单粉'桃
'二色'桃
'寒红'桃
垂丝海棠
现代海棠
'王族'海棠
'高原之火'海棠
楸
毛泡桐
合欢

［红色系］

石榴

001

银芽柳

Salix × leucopithecia

杨柳科　柳属

☼

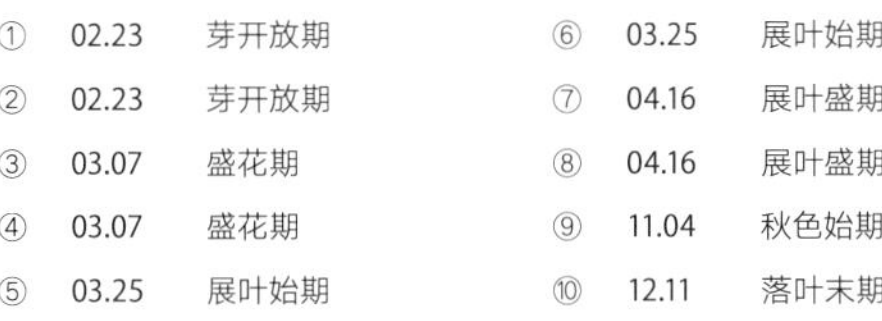

①	02.23	芽开放期	⑥	03.25	展叶始期
②	02.23	芽开放期	⑦	04.16	展叶盛期
③	03.07	盛花期	⑧	04.16	展叶盛期
④	03.07	盛花期	⑨	11.04	秋色始期
⑤	03.25	展叶始期	⑩	12.11	落叶末期

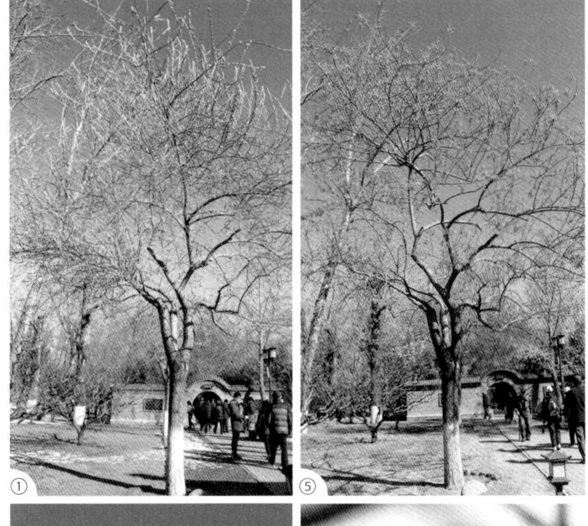

灌木，园林中可高接作乔木状应用，高2～3m，分枝稀疏；小枝绿褐色具红，幼时有绢毛；冬芽红紫色，有光泽。叶长椭圆，长6～10（15）cm，缘有细齿，表面微皱，背面密被白毛。花3月上旬叶前开放，雄花序盛开前密被银白色绢毛，颇为美观，可供插瓶观赏。

①

⑤

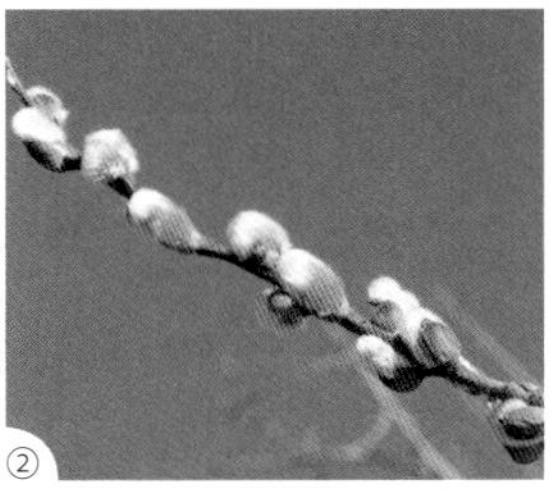
②

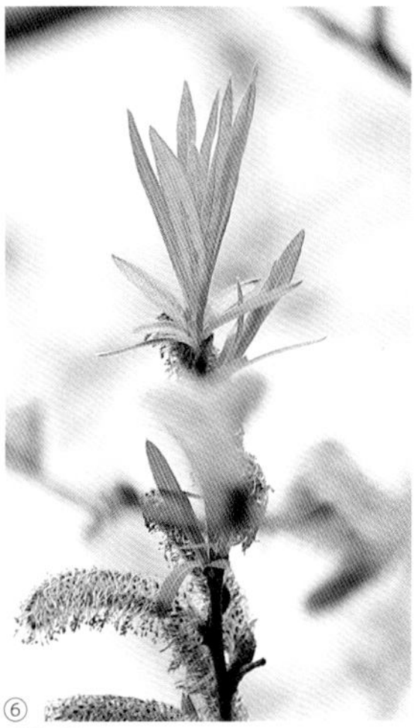
⑥

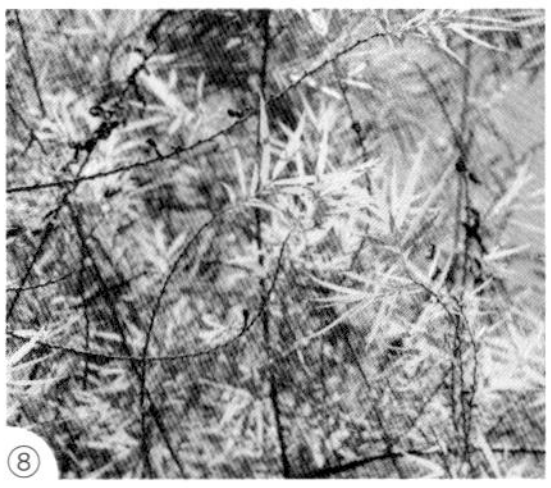
⑧

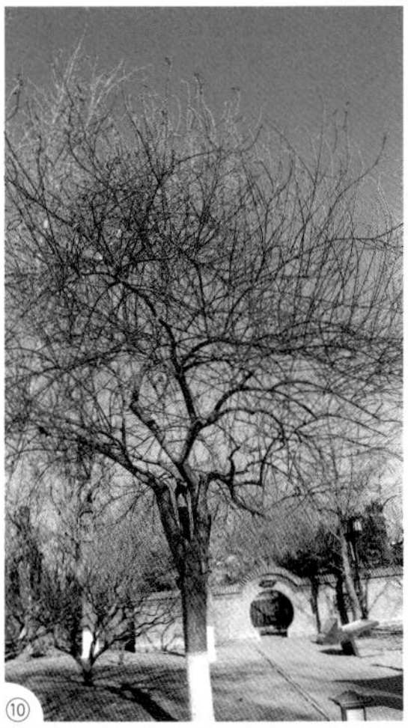
⑩

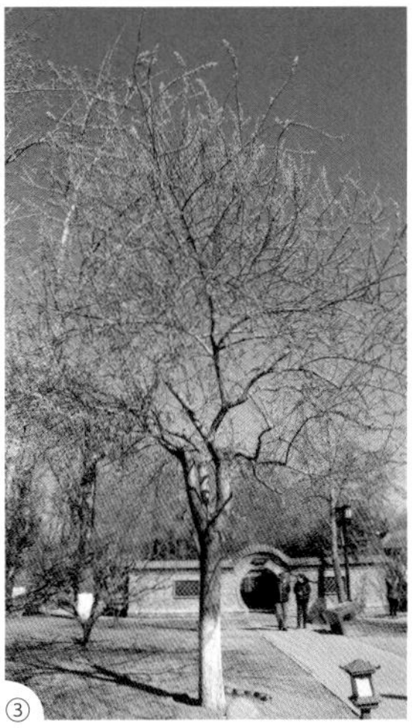
③

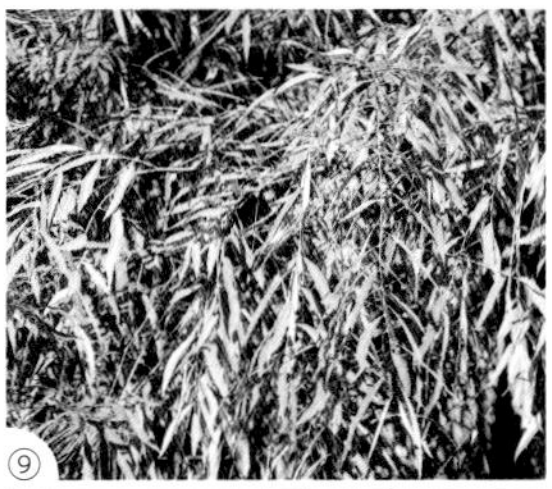
⑨

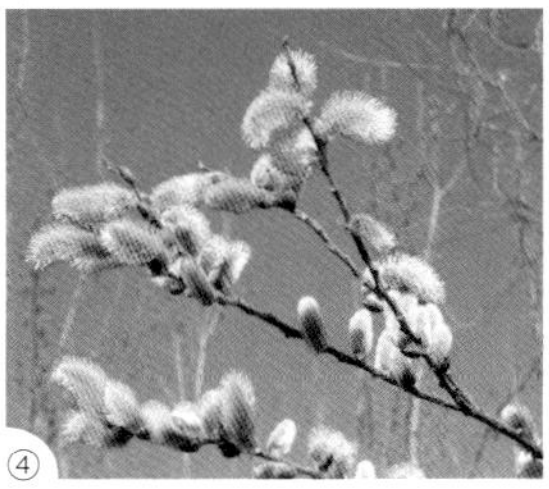
④

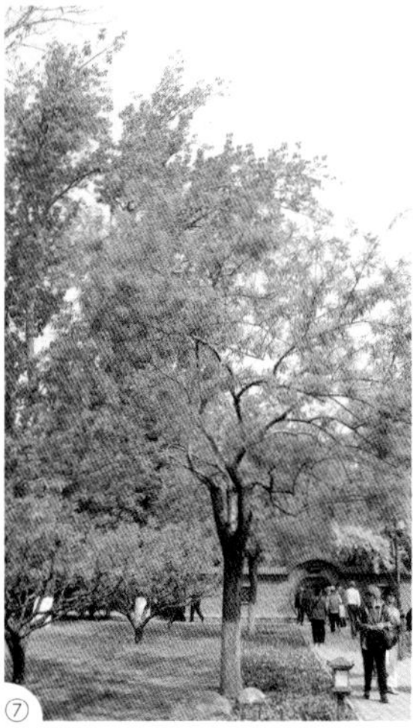
⑦

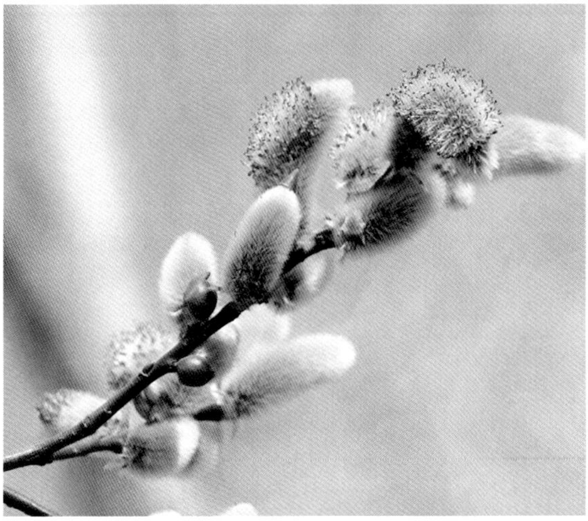

1月	2月	3月	4月	5月	6月	7月	8月	9月	10月	11月	12月

叶幕期
花期
果实成熟期

002

望春玉兰

Magnolia biondii

木兰科　木兰属

落叶乔木，高达12m。叶长椭圆状披针形或卵状披针形，长10～18cm。花瓣6，白色，基部带紫红色；萼片3，狭小，约为花瓣长1/4；气味芳香；喜光，喜温凉湿润气候及微酸性土壤。北京地区3月上中旬叶前开放，是优良的早春观花树种。

①	02.27	显蕾期
②、③	03.02	始花期
④、⑤	03.12	盛花期
⑥、⑦	03.31	展叶始期
⑧	04.05	春色叶期
⑨、⑩	04.10	展叶盛期
⑪	08.17	果实成熟期
⑫、⑬	10.30	秋色盛期
⑭	11.14	落叶末期

003

山桃

Amygdalus davidiana

蔷薇科　桃属

落叶小乔木，高可达10m。树冠开展，树皮暗紫色，有光泽。单叶互生，叶片卵状披针形。花单生，先叶开放，白色或粉红色。核果近球形，被毛，果肉干燥不可食。习性喜光，耐寒，耐旱，较耐盐碱，不耐水湿。早春观花树种，北京地区花期3月中下旬，果期7～8月。可作为独赏树，孤植或丛植于草坪、庭院。

①	02.18	芽开放期
②	03.02	显蕾期
③	03.12	盛花期
④	03.12	盛花期
⑤	03.25	展叶始期
⑥	03.25	展叶始期
⑦	04.10	展叶盛期，结果始期
⑧	04.10	展叶盛期，结果始期
⑨	10.30	秋色始期
⑩	10.30	秋色始期
⑪	11.14	落叶末期

	1月	2月	3月	4月	5月	6月	7月	8月	9月	10月	11月	12月
叶幕期												
花期												
果实成熟期												

004

玉兰

Magnolia denudata

木兰科　木兰属

落叶乔木，高达15～20m；幼枝及芽具柔毛。叶倒卵状椭圆形，长8～18cm，先端突尖而短钝，基部圆形或广楔形。花大，花萼、花瓣相似，共9片，纯白色，厚而肉质，有香气；早春叶前开花。喜光，有一定的耐寒性，喜肥沃、湿润且排水良好的酸性土壤；较耐干旱，不耐积水；生长慢。花大而洁白、芳香，早春白花满树，是重要的早春观花树种。

① 03.11 芽开放期
② 03.11 芽开放期
③ 03.22 盛花期
④ 03.22 盛花期
⑤ 04.08 展叶始期
⑥ 04.08 展叶始期
⑦ 04.25 展叶盛期
⑧ 09.17 果实成熟期
⑨ 09.28 秋色始期
⑩ 09.28 秋色始期
⑪ 10.23 秋色显著期
⑫ 10.23 秋色显著期
⑬ 10.31 秋色盛期
⑭ 10.31 秋色盛期
⑮ 11.08 落叶末期

005

白花山碧桃

Amygdalus davidiana ‘Albo-plena’

蔷薇科　桃属

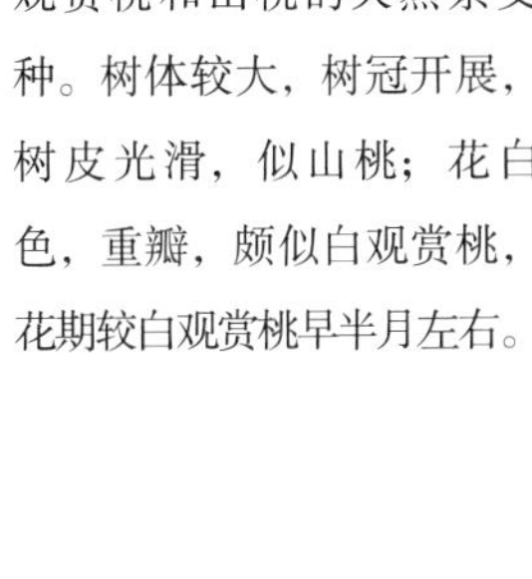

观赏桃和山桃的天然杂交种。树体较大，树冠开展，树皮光滑，似山桃；花白色，重瓣，颇似白观赏桃，花期较白观赏桃早半月左右。

① 03.08 芽开放期
② 03.13 显蕾期
③ 04.01 盛花期
④ 04.01 盛花期
⑤ 04.11 展叶始期
⑥ 04.23 展叶盛期
⑦ 10.17 秋色盛期
⑧ 10.17 秋色盛期
⑨ 11.13 落叶末期

006

樱花

Cerasus sp.

蔷薇科　樱属

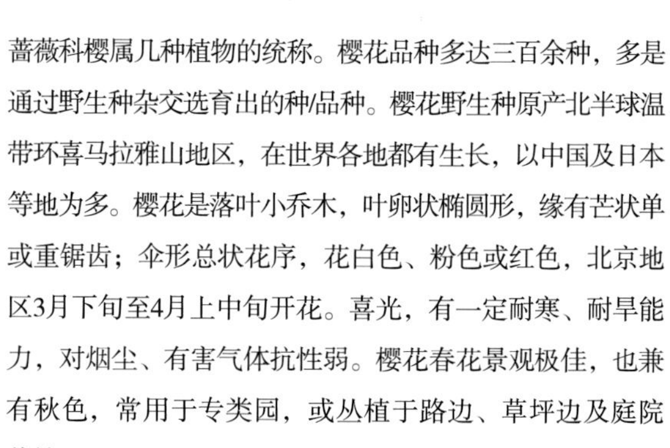

蔷薇科樱属几种植物的统称。樱花品种多达三百余种，多是通过野生种杂交选育出的种/品种。樱花野生种原产北半球温带环喜马拉雅山地区，在世界各地都有生长，以中国及日本等地为多。樱花是落叶小乔木，叶卵状椭圆形，缘有芒状单或重锯齿；伞形总状花序，花白色、粉色或红色，北京地区3月下旬至4月上中旬开花。喜光，有一定耐寒、耐旱能力，对烟尘、有害气体抗性弱。樱花春花景观极佳，也兼有秋色，常用于专类园，或丛植于路边、草坪边及庭院栽植。

根据花期及花叶发育特征，从园林应用角度可将樱花分为早樱和晚樱。早樱先花后叶，北京地区多于3月下旬开放，北京园林绿地中常见种/品种包括‘染井吉野’樱（*C.* × *yedoensis* ‘Somei-yoshino’）、山樱（*C. jamasakura*）、青肤樱（*C.* ‘Multiplex’）、‘江户彼岸’樱（*C. itosakura* f. *ascendens*）、椿寒樱（*C. pesudocerasus* ‘Introsa’）等；晚樱先叶后花或花叶同放，北京地区多于4月上中旬开放，常见种及品种有‘关山’樱（*C. serrulata* ‘Kanzan’）、‘普贤象’樱（*C. serrulata* ‘Shirofugen’）、‘郁金’樱（*C. serrulata* ‘Ukon’）、‘一叶’樱（*C. serrulata* ‘Hisakura’）、‘太白’樱（*C. serrulata* ‘Taihaku’）等。

6-1

「染井吉野」樱

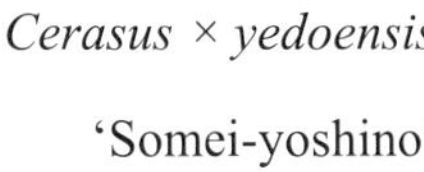

Cerasus × *yedoensis* 'Somei-yoshino'

东京樱花品种。花粉白色，有香气，4～6朵形成伞形或短总状花序。北京春季3月下旬开花。

① 03.03 芽开放期
② 03.13 显花序期
③ 03.19 显蕾期
④ 03.27 盛花期
⑤ 03.27 盛花期
⑥ 04.06 展叶始期
⑦ 04.06 展叶始期
⑧ 04.11 展叶盛期
⑨ 05.16 果实成熟期
⑩ 09.08 秋色始期
⑪ 11.13 落叶末期

1月	2月	3月	4月	5月	6月	7月	8月	9月	10月	11月	12月

叶幕期
花期
果实成熟期

6-2

「青肤」樱 *Cerasus* 'Multiplex'

花白色。北京春季3月下旬开花。

① 02.19 芽开放期
② 03.13 显花序期
③ 03.19 始花期
④ 03.27 盛花期
⑤ 03.27 盛花期
⑥ 04.11 展叶盛期， 结果始期
⑦ 04.11 展叶盛期， 结果始期
⑧ 05.03 果实成熟期
⑨ 10.28 秋色始期
⑩ 10.28 秋色始期
⑪ 11.13 秋色盛期
⑫ 11.13 秋色盛期
⑬ 11.24 落叶末期

12月 11月 10月 9月 8月 7月 6月 5月 4月 3月 2月 1月

叶幕期
花期
果实成熟期

6-3

山樱 *Cerasus jamasakura*

花白色或浅粉红色。北京春季3月下旬开花

① 03.08 芽开放期
② 03.20 显花序期
③ 03.28 始花期， 展叶始期
④ 03.28 始花期， 展叶始期
⑤ 04.02 盛花期
⑥ 04.02 盛花期
⑦ 04.12 展叶盛期
⑧ 05.13 果实成熟期
⑨ 10.13 秋色盛期
⑩ 10.13 秋色盛期

6-4

「郁金」樱 *Cerasus serrulata* 'Ukon'

花色由绿色变为淡粉色。
北京地区4月上中旬开花。

① 03.13 芽开放期
② 04.01 显蕾期
③ 04.06 盛花期
④ 04.06 盛花期
⑤ 04.15 盛花期—末花期
⑥ 04.15 盛花期—末花期
⑦ 04.23 展叶盛期
⑧ 10.17 秋色始期
⑨ 10.28 秋色始期
⑩ 10.28 秋色盛期
⑪ 11.13 落叶末期

6-5

「关山」樱

Cerasus serrulata 'Kanzan'

花粉红色。北京春季4月上中旬开花。

① 03.19 芽开放期
② 04.01 显蕾期
③ 04.05 始花期，展叶始期
④ 04.05 始花期，展叶始期
⑤ 04.11 盛花期
⑥ 04.11 盛花期
⑦ 04.25 展叶盛期
⑧ 10.28 秋色盛期
⑨ 10.28 秋色盛期
⑩ 11.13 落叶末期

6-6

「普贤象」樱

Cerasus serrulata 'Shirofugen'

花色由白色变为粉色。北京春季4月上中旬开花。

① 03.25 芽开放期
② 04.01 显花序期
③ 04.06 显蕾期
④ 04.11 盛花期
⑤ 04.11 盛花期
⑥ 04.17 盛花期过
⑦ 04.17 盛花期过
⑧ 04.23 展叶盛期
⑨ 11.13 秋色盛期
⑩ 11.13 秋色盛期

007

梅 *Armeniaca mume*

蔷薇科　杏属

落叶小乔木。小枝细长，绿色光滑。叶卵形或椭圆状卵形。花色多种，粉红色、白色、红色，近无梗，芳香。性喜光，喜温暖湿润气候，耐寒性不强，不耐积水，北京需小气候保护。梅是我国著名的观赏花木。果球形，可食用，可入药。北京地区花期春季3月下旬至4月上旬，常用于专类园、庭院栽植、孤植或丛植于草坪等。

梅花品种繁多，按种源组成分为真梅、杏梅和樱李梅3个种系。除真梅系之外，杏梅是真梅与杏或山杏的天然杂交种，枝叶形态介于梅、杏之间，花形似杏花，重瓣或半重瓣，花托肿大，不香，花期较晚，抗寒性较强，叶前开放。樱李梅是紫叶李与‘宫粉’梅的人工杂交种，枝叶似紫叶李，花较似梅，淡紫红色，半重瓣或重瓣，花叶同放，适应性和抗寒性强。一般而言，在北京地区，杏梅花期最早，真梅次之，樱李梅花期最晚。

7-1

「丰后」杏梅

Armeniaca mume var. *bungo* 'Fenghou'

属杏梅系。花重瓣，粉红色，北京地区3月下旬叶前开放。

① 03.19 显蕾期
② 03.28 盛花期
③ 03.28 盛花期
④ 04.08 展叶始期
⑤ 04.08 展叶始期
⑥ 04.20 展叶盛期，结果始期
⑦ 04.20 展叶盛期，结果始期
⑧ 06.08 果实成熟期
⑨ 10.31 秋色盛期
⑩ 10.31 秋色盛期
⑪ 11.08 落叶末期

7-2

「淡丰后」杏梅

Armeniaca mume var. *bungo*

'Danfenghou'

属杏梅系。花重瓣，白至淡粉色，北京地区3月下旬叶前开放。

①	03.01	芽开放期
②	03.22	显蕾期
③	03.28	盛花期
④	03.28	盛花期
⑤	04.19	展叶盛期，结果始期
⑥	04.19	展叶盛期，结果始期
⑦	06.10	果实成熟期
⑧	11.08	秋色盛期
⑨	11.08	秋色盛期
⑩	10.23	落叶末期

1月	2月	3月	4月	5月	6月	7月	8月	9月	10月	11月	12月

叶幕期
花期
果实成熟期

7-3

「三轮玉蝶」梅

Armeniaca mume var. *typica* 'Sanlunyudie'

真梅系直枝梅类玉蝶型品种。花重瓣，白色，花萼绛紫色，北京地区4月初在叶前开放。

① 03.19 芽开放期
② 03.24 显蕾期
③ 04.03 盛花期
④ 04.03 盛花期
⑤ 04.19 展叶盛期，结果始期
⑥ 04.19 展叶盛期，结果始期
⑦ 11.10 秋色盛期
⑧ 11.23 落叶末期

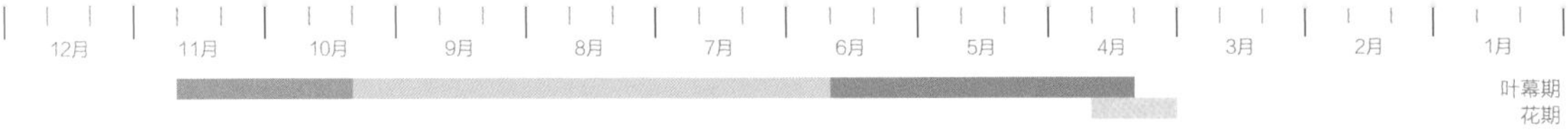

①	02.26	芽开放期	⑦	05.28	叶色渐绿
②	03.28	显蕾期	⑧	05.28	叶色渐绿
③	04.07	盛花期，展叶始期	⑨	09.06	秋色始期
④	04.07	盛花期，展叶始期	⑩	09.06	秋色始期
⑤	04.18	展叶盛期	⑪	10.29	秋色盛期
⑥	04.18	展叶盛期	⑫	11.18	落叶末期

7-4

「美人」梅

Armeniaca × *blireana* 'Meiren'

属樱李梅系。花重瓣，淡紫红色，北京地区4月上旬先花后叶开放。

①

②

③

④

⑤

⑥

⑦

⑧

⑨

⑩

⑪

⑫

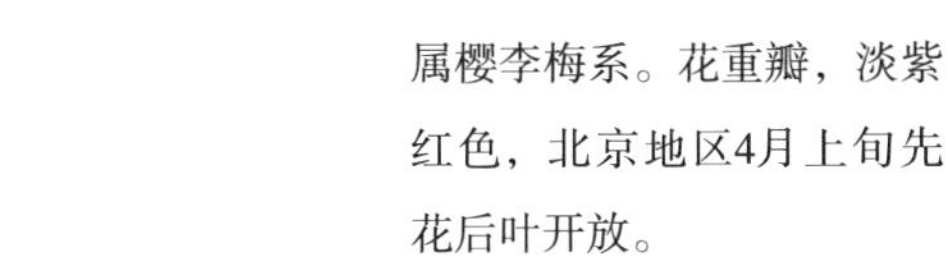

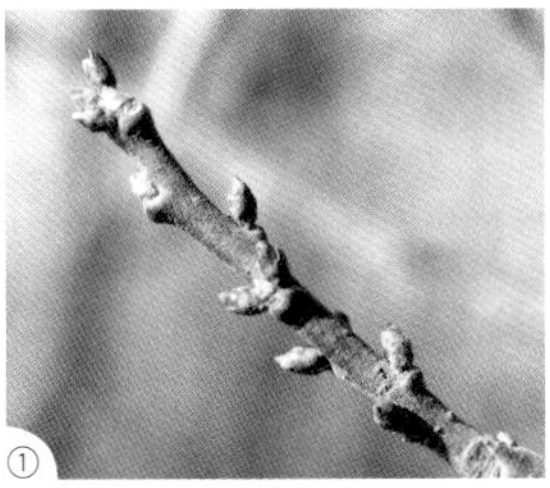

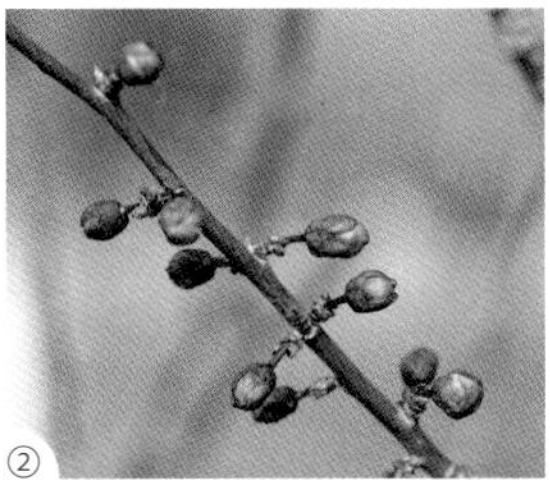

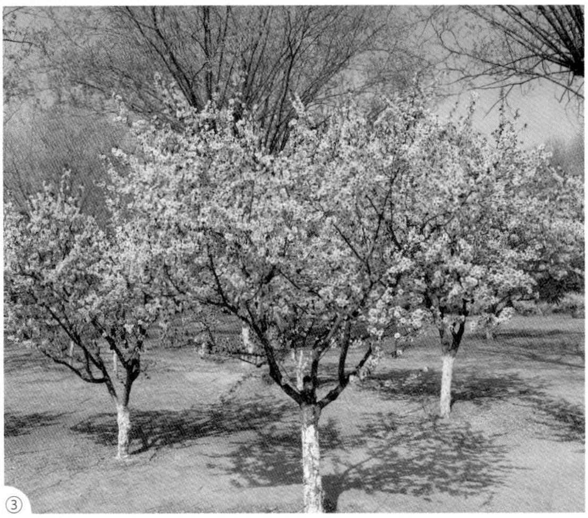

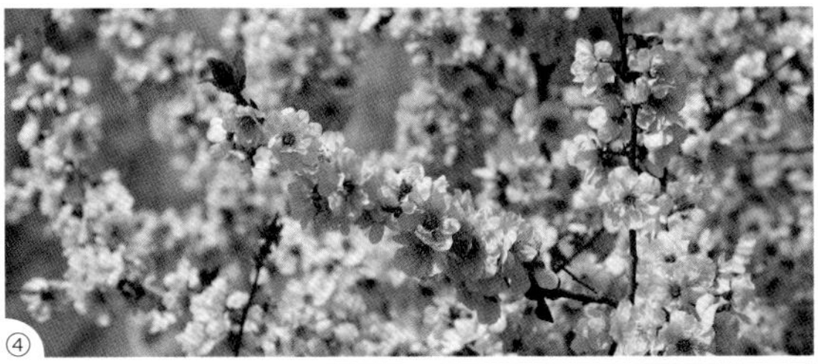

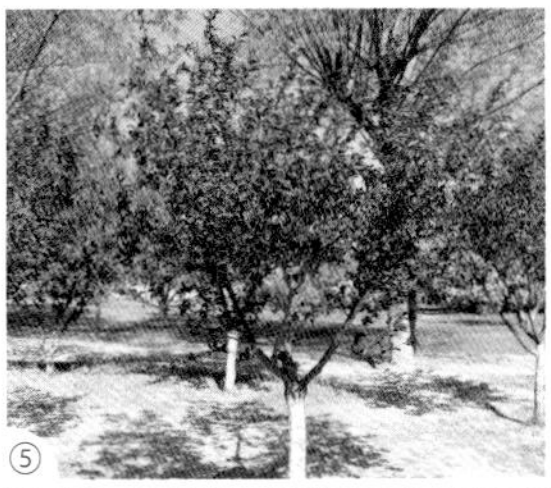

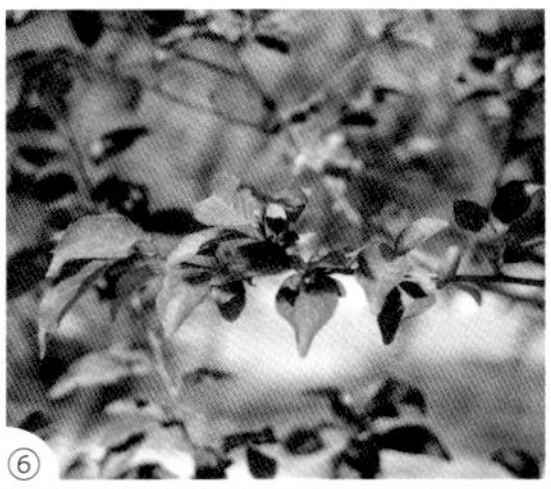

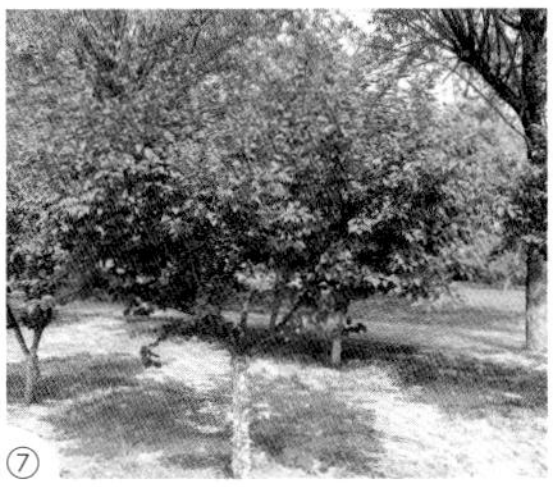

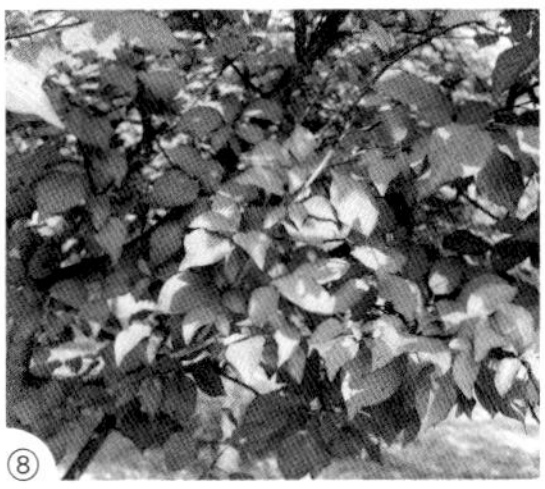

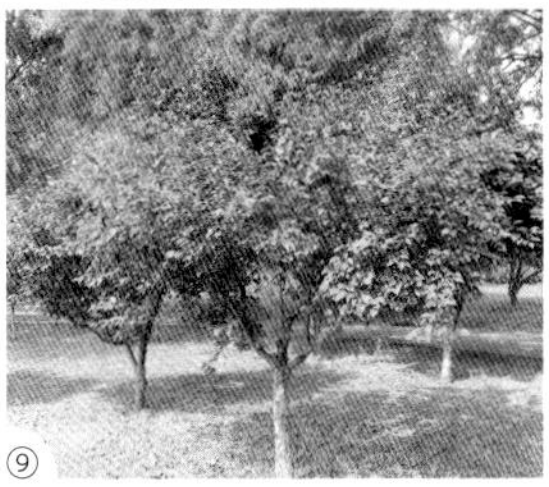

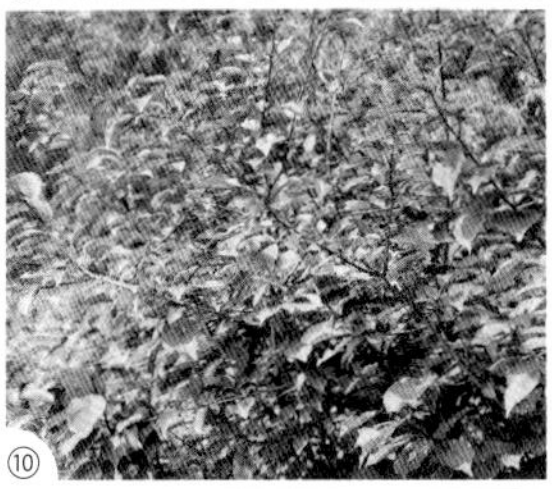

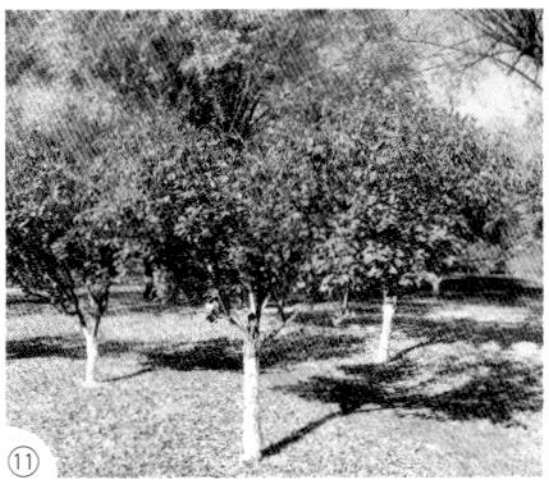

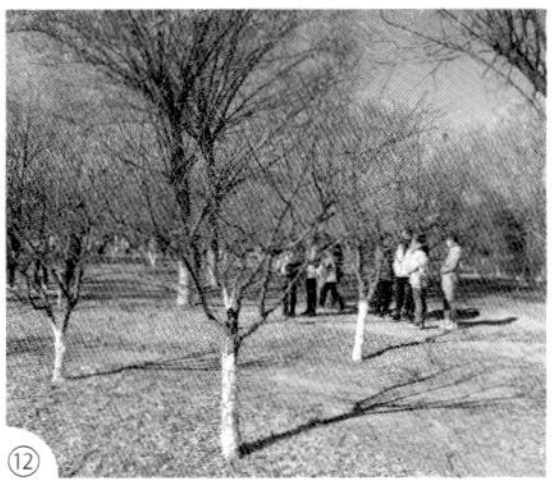

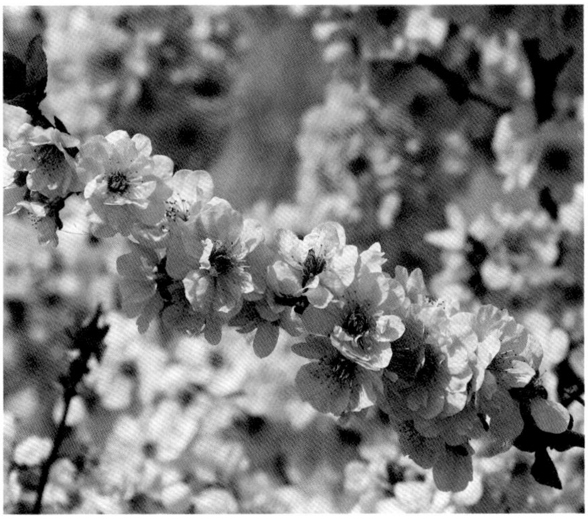

1月	2月	3月	4月	5月	6月	7月	8月	9月	10月	11月	12月

叶幕期
花期
果实成熟期

008

山楂

Crataegus pinnatifida

蔷薇科　山楂属

落叶乔木，高达6m。常有枝刺。单叶互生，叶片卵形，叶缘常各有3～5羽状深裂，裂缘有锯齿。伞房花序，花白色，花药粉红色。果实近球形或梨形，深红色，有浅色斑点。喜光、耐寒，喜冷凉干燥气候及排水良好土壤。北京地区花期4月，果实成熟期9～10月。可栽培作绿篱和观赏树，秋季红果累累、经久不凋。

①　03.02　芽开放期
②　03.25　展叶始期
③　03.25　展叶始期
④　04.05　展叶盛期
⑤　04.05　展叶盛期
⑥　04.21　盛花期
⑦　04.21　盛花期
⑧　05.15　结果始期
⑨　09.12　果实成熟期
⑩　10.30　秋色盛期
⑪　10.30　秋色盛期

009

刺槐

Robinia pseudoacacia

豆科　刺槐属

落叶乔木，高达25m；干皮深纵裂。羽状复叶互生，小叶7～19枚，椭圆形，长2～5cm，全缘，先端微凹并有小刺尖。花白色，芳香，下垂总状花序。喜光，耐干旱瘠薄，对土壤适应性强。浅根性，萌蘖性强，生长快。北京地区4月下旬开花。荚果扁平，条状。可作庭荫树、行道树、防护林及城乡绿化先锋树种，是重要速生用材树种。

① 04.03 芽开放期
② 04.13 展叶始期
③ 04.25 显蕾期
④ 04.30 盛花期
⑤ 05.02 展叶盛期
⑥ 11.10 秋色盛期
⑦ 11.16 落叶末期

1月	2月	3月	4月	5月	6月	7月	8月	9月	10月	11月	12月

叶幕期
花期
果实成熟期

010

灯台树

Bothrocaryum controversum

山茱萸科　灯台树属

落叶乔木，高6～15m，稀达20m。侧枝轮状着生，层次明显。叶常集生枝端，单叶互生，阔椭圆状卵形至披针状椭圆形，全缘。伞房状聚伞花序顶生，花小，白色。核果球形，成熟时紫红色至紫黑色。喜光，喜湿润，生长快。北京地区花期4月下旬，果实成熟期7月下旬至8月上旬。树形整齐美观，花白色美丽，可作庭荫树及行道树，尤适孤植。

①	03.29	芽开放期
②	03.29	芽开放期
③	04.08	展叶始期，显花序期
④	04.08	展叶始期，显花序期
⑤	04.30	盛花期
⑥	05.21	结果始期，展叶盛期
⑦	05.21	结果始期，展叶盛期
⑧	07.30	果实成熟期
⑨	10.23	秋色始期
⑩	10.23	秋色始期
⑪	11.08	秋色盛期
⑫	11.08	秋色盛期
⑬	11.16	落叶末期

① 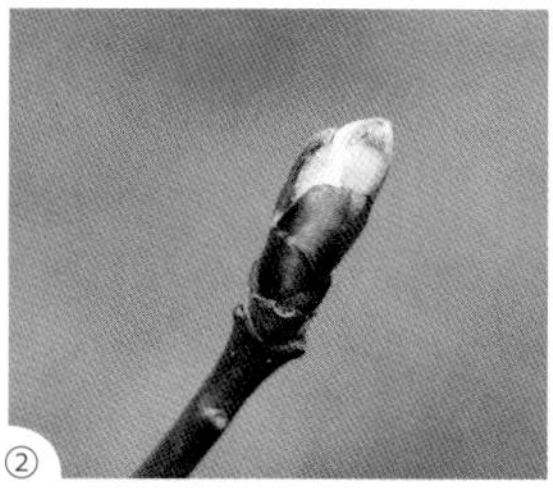　② 　③ 　④ 　⑤ 　⑥ 　⑦ 　⑧ 　⑨  　⑩ 　⑪ 　⑫ 　⑬

011

流苏树

Chionanthus retusus

木犀科　流苏树属

①	04.03	芽开放期
②	04.14	展叶始期
③	04.14	展叶始期
④	04.23	展叶盛期，始花期
⑤	04.23	展叶盛期，始花期
⑥	04.25	盛花期
⑦	04.25	盛花期
⑧	05.19	展叶盛期，结果始期
⑨	05.19	展叶盛期，结果始期
⑩	08.07	果实成熟期
⑪	10.23	秋色始期
⑫	11.23	秋色始期
⑬	11.10	落叶末期

落叶乔木，高6～20m，北京乡土树种。树干灰色，大枝树皮常纸状剥落。单叶对生，卵形至倒卵状椭圆形，先端钝圆或微凹，全缘或偶有小齿，近革质，叶柄基部常带紫色。宽圆锥花序，白色，花冠四裂，裂片狭长，筒部短。核果椭球形，蓝黑色。性喜光，耐寒，花期怕干旱风，生长较慢。春末夏初观花，北京地区花期4月下旬至5月上旬，果实成熟期7月下旬至8月上旬，其是优美的观赏树种，可作庭荫树，适宜栽植于安静休息区，或以常绿树衬托列植。

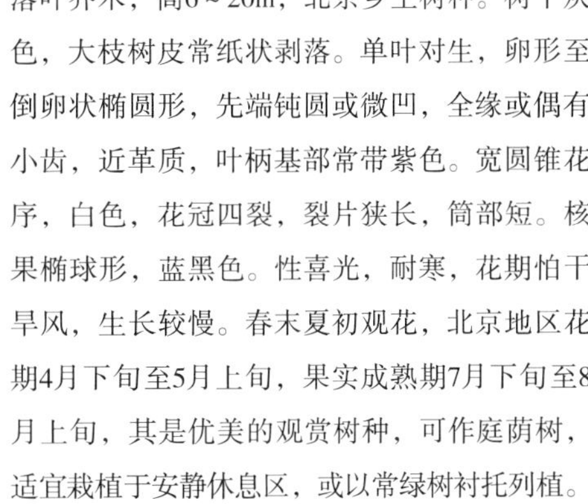

012

毛梾

Swida walteri

山茱萸科　梾木属

落叶乔木，高6～15m。树皮黑褐色，纵裂而又横裂成块状。幼枝绿色，密被灰白色短柔毛。叶对生，椭圆形或阔卵形。伞房状聚伞花序顶生，花白色而有香味。核果球形，成熟时黑色。较喜光，喜深厚肥沃土壤，较耐干旱瘠薄，在中性、酸性及微碱性土上均能生长，深根性，萌芽性强。北京地区花期5月上中旬，果实成熟期8月下旬至9月上旬。

① 03.29 芽开放期
② 04.14 展叶始期，显花序期
③ 04.14 展叶始期，显花序期
④ 04.25 展叶盛期，显蕾期
⑤ 04.25 展叶盛期，显蕾期
⑥ 05.12 盛花期
⑦ 05.12 盛花期
⑧ 08.26 果实成熟期
⑨ 10.23 秋色盛期
⑩ 10.23 秋色盛期
⑪ 11.16 落叶末期

013

文冠果

Xanthoceras sorbifolium

无患子科　文冠果属

落叶灌木或小乔木，高达3～8m。羽状复叶互生，小叶披针形或近卵形，顶生小叶通常三深裂。顶生总状或圆锥花序，花瓣白色，内侧基部有清晰脉纹，脉纹色彩随开花进程由黄变紫红，逐渐变深。蒴果椭球形，三瓣裂。喜光，耐严寒，耐干旱及盐碱，不耐水湿，深根性，萌蘖性强。北京地区4月下旬花叶同放，白花满树，且有秀丽光洁的绿叶相衬，观赏价值高。

①	03.29	芽开放期	⑦	05.05	展叶盛期
②	04.03	显花序期	⑧	06.21	果实成熟期
③	04.14	显蕾期	⑨	10.23	秋色盛期
④	04.14	显蕾期	⑩	10.23	秋色盛期
⑤	04.25	盛花期	⑪	10.31	落叶末期
⑥	04.25	盛花期			

	1月	2月	3月	4月	5月	6月	7月	8月	9月	10月	11月	12月
叶幕期												
花期												
果实成熟期												

014

四照花

Dendrobenthamia japonica var. *chinensis*

山茱萸科　四照花属

落叶小乔木，高达10m。单叶对生，卵形或卵状椭圆形，全缘，弧形侧脉6～7对。头状花序球形，花小，黄绿色；白色苞片4片，观赏效果更为突出；核果球形，成熟时红色，微被白色细毛。性强健，喜光，耐寒，喜肥沃而湿度适中的土壤，亦耐旱。北京地区花期5月上中旬。果实成熟期8月上旬。初夏满树洁白，初秋有橘红色的果实，深秋叶色红艳，均美丽可观。宜植于庭园观赏，或作盆栽、盆景材料。

① 04.03　花芽开放期
② 04.03　叶芽开放期
③ 04.13　展叶始期
④ 04.13　展叶始期
⑤ 04.25　展叶盛期，显蕾期
⑥ 04.25　展叶盛期，显蕾期
⑦ 05.05　盛花期
⑧ 05.05　盛花期
⑨ 08.07　果实成熟期
⑩ 10.31　秋色盛期
⑪ 10.31　秋色盛期
⑫ 11.16　落叶末期

12月 11月 10月 9月 8月 7月 6月 5月 4月 3月 2月 1月

叶幕期
花期
果实成熟期

015

七叶树

Aesculus chinensis

七叶树科　七叶树属

落叶乔木，高达15m。掌状复叶，由5～7枚小叶组成，小叶长圆披针形。顶生圆柱状圆锥花序，花瓣4，白色。蒴果球形或倒卵圆形，黄褐色。喜光，也耐半阴，喜温和湿润气候，不耐严寒，喜肥沃深厚土壤，深根性，萌芽力不强，生长较慢，寿命长。北京地区5月中下旬开花，果实成熟期9月下旬。叶大荫浓，树冠开阔，白花绚烂，是著名的初夏观赏树种之一，宜作庭荫树及行道树。

①	03.18	芽开放期
②、③	03.25	展叶始期
④、⑤	03.31	春色叶期
⑥、⑦	04.05	展叶盛期
⑧、⑨	05.15	盛花期
⑩	05.26	结果始期
⑪、⑫	10.23	秋色盛期
⑬	11.19	落叶末期

1月	2月	3月	4月	5月	6月	7月	8月	9月	10月	11月	12月

叶幕期
花期

016

北京丁香

Syringa pekinensis

木犀科　丁香属

大灌木或小乔木，高可达10m。树皮褐色或灰棕色，纵裂。小枝细长，带红褐色。叶片纸质，卵形至卵状披针形，基部广楔形。花黄白色，花药黄色。蒴果长圆形至披针形，先端尖，光滑，稀疏生皮孔。北京地区花期5月下旬至6月上旬，9月下旬果实成熟。枝叶茂盛，花美丽而有香气，可栽于庭院或园林绿地观赏。

① 03.11 芽开放期
② 04.03 展叶始期
③ 04.14 展叶盛期，显花序期
④ 04.14 展叶盛期，显花序期
⑤ 04.30 显蕾期
⑥ 04.30 显蕾期
⑦ 05.24 盛花期
⑧ 07.20 结果始期
⑨ 07.20 结果始期
⑩ 09.28 果实成熟期
⑪ 10.23 秋色盛期
⑫ 10.23 秋色盛期
⑬ 11.08 落叶末期

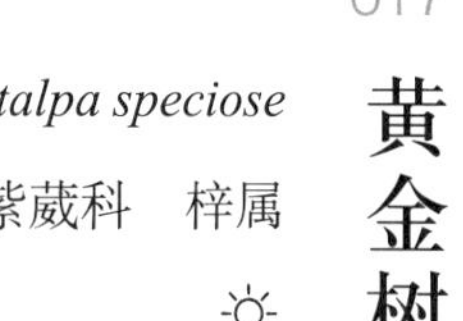

017

黄金树

Catalpa speciose

紫葳科 梓属

☼

落叶乔木，高达25m。树冠伞状。叶对生或轮生，卵心形至卵状长圆形，全缘（偶有三浅裂），叶背基部脉腋有透明绿斑。花顶生圆锥花序，花冠钟状，白色，内有淡紫色斑及黄色条纹。蒴果较粗，下垂。春末夏初观花，花大而美观，北京地区花期5月中下旬，果实成熟期8月下旬至9月上旬。喜光，稍耐阴，喜肥沃湿润且排水良好的土壤。冠大荫浓，观赏价值高，宜作庭荫树或孤植树。

① 04.08 芽开放期
② 04.13 展叶始期
③ 05.05 展叶盛期，显蕾期
④ 05.05 展叶盛期，显蕾期
⑤ 05.18 盛花期
⑥ 06.10 结果始期
⑦ 09.06 秋色始期， 果实成熟期
⑧ 09.06 秋色始期， 果实成熟期
⑨ 09.17 秋色盛期
⑩ 09.17 秋色盛期
⑪ 10.31 落叶末期

018

梓 *Catalpa ovata*

紫葳科　梓属

落叶乔木，高达15～20m。单叶对生或三叶轮生，广卵形，常3～5浅裂，基部心形，背面无毛，基部脉腋有4～6个紫斑。花顶生圆锥花序，花冠钟状，淡黄色，内有黄色条纹及紫色斑点。蒴果细长，下垂。速生树，性喜光，稍耐阴，喜肥沃湿润且排水良好的土壤，抗污染能力较强。北京地区花期5月上旬至下旬，春末夏初观花，花大而美观。叶大荫浓，常作行道树或庭荫树，也常作工矿绿化树。

①、② 04.11 芽开放期
③、④ 04.23 展叶中
⑤、⑥ 05.02 展叶盛期，显花序期
⑦、⑧ 05.16 盛花期
⑨ 06.02 结果始期
⑩、⑪ 09.09 秋色始期
⑫、⑬ 10.17 秋色盛期
⑭ 11.13 落叶末期

019

臭椿

Ailanthus altissima

苦木科　臭椿属

落叶乔木，高达20～30m。树皮不裂，叶痕倒卵形，内有9个维管束痕。奇数羽状复叶互生，小叶卵状披针形，全缘，近基部有1～2对粗齿，齿端有臭腺点。顶生圆锥花序，翅果长椭圆形。喜光，耐寒，耐干旱、瘠薄及盐碱地，不耐水湿，抗污染力强，深根性，生长快，少病虫害。北京地区花期5月中下旬，6月中旬果实成熟。树干耸直，枝叶茂密，春季有紫红色嫩叶，是优良的庭荫树、行道树及工矿绿化树种。

①	04.06	芽开放期	⑦	05.26	结果始期
②	04.15	展叶始期	⑧	06.10	果实成熟期
③	04.15	展叶始期	⑨	10.17	秋色盛期
④	04.23	展叶盛期，显花序期	⑩	10.17	秋色盛期
⑤	04.23	展叶盛期，显花序期	⑪	10.28	落叶末期
⑥	05.16	盛花期			

020

蒙椴 *Tilia mongolica*

椴树科　椴树属

落叶乔木，高达6～10m，树皮红褐色。单叶互生，叶广卵形，基部截形或广楔形，缘具不整齐粗尖齿，有时3浅裂。10～20朵成聚伞花序，花序梗之苞片有柄，果实倒卵形。较耐阴，喜生于湿润之阴坡，耐寒性强。北京地区花期6月中下旬。秋叶亮黄色，宜植于庭院观赏或作庭荫树。

① 03.11 芽开放期
② 04.03 展叶始期
③ 04.03 展叶始期
④ 04.13 展叶盛期
⑤ 04.13 展叶盛期
⑥ 06.15 盛花期
⑦ 07.20 结果始期
⑧ 10.12 秋色盛期
⑨ 10.12 秋色盛期
⑩ 11.23 落叶末期

12月 11月 10月 9月 8月 7月 6月 5月 4月 3月 2月 1月

叶幕期
花期

①	04.13	芽开放期	⑧	06.10	始花期	⑭	07.20	果实开裂期
②	04.19	展叶始期	⑨	06.10	始花期	⑮	08.29	果实成熟期
③	04.19	展叶始期	⑩	06.30	盛花期	⑯	08.29	果实成熟期
④	04.30	春色叶期	⑪	06.30	盛花期	⑰	10.31	秋色盛期
⑤	04.30	春色叶期	⑫	07.10	结果始期	⑱	10.31	秋色盛期
⑥	05.14	展叶盛期，显花序期	⑬	07.20	果实开裂期	⑲	11.16	落叶末期
⑦	05.14	展叶盛期，显花序期						

021

梧桐

Firmiana platanifolia

梧桐科　梧桐属

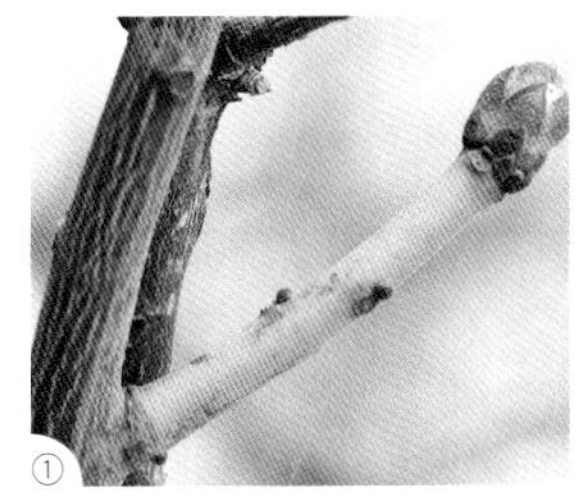

①

落叶乔木，高达16m，树皮青绿色，平滑。单叶互生，叶心形，掌状3~5裂，裂片全缘。圆锥花序顶生，花淡黄绿色，萼片5深裂。蓇葖果膜质。喜光，喜温暖湿润气候，耐寒性不强，怕水淹，深根性，萌芽力强，生长尚快。北京地区花期6月中旬至7月上旬，8月下旬果实成熟。梧桐树皮青翠，叶大而叶形优美，洁净可爱，适于草坪、庭院孤植或丛植，是优良的庭荫树及园景树。

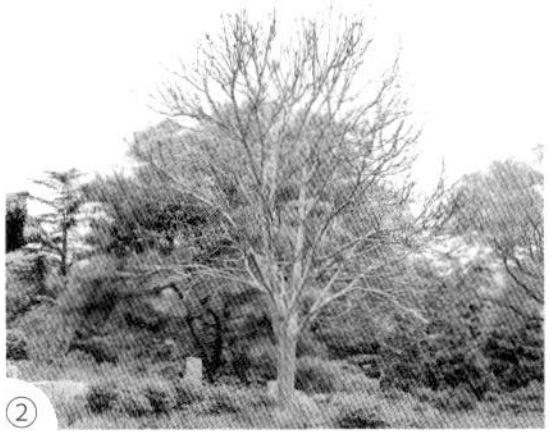
②

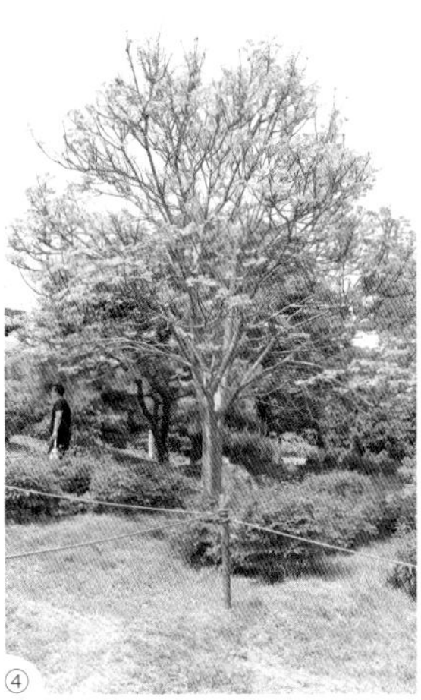
④

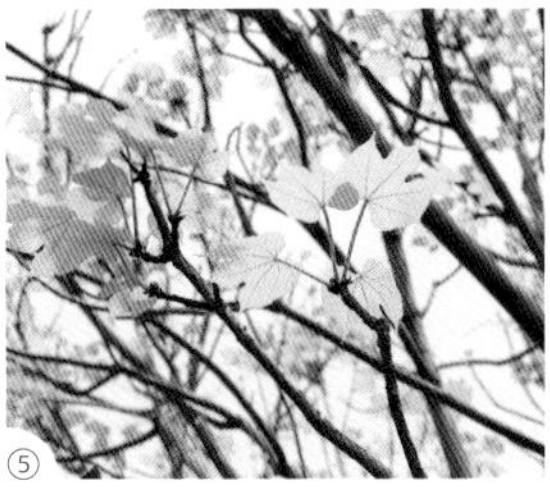
⑤

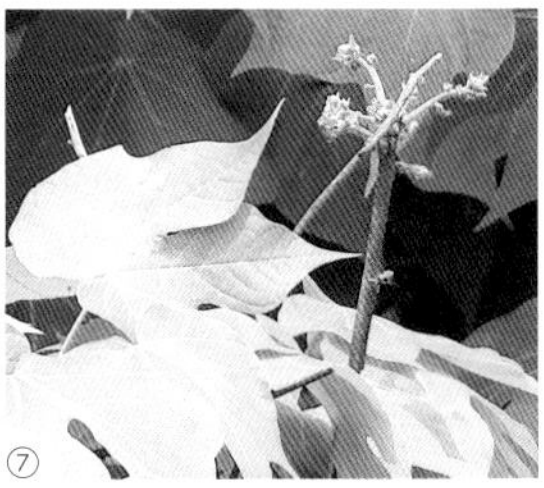
⑦

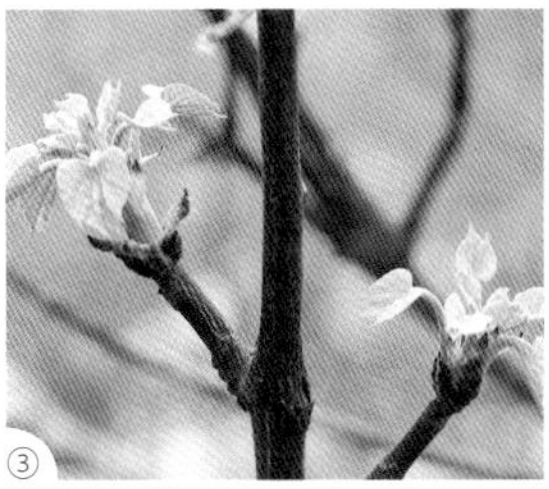
③

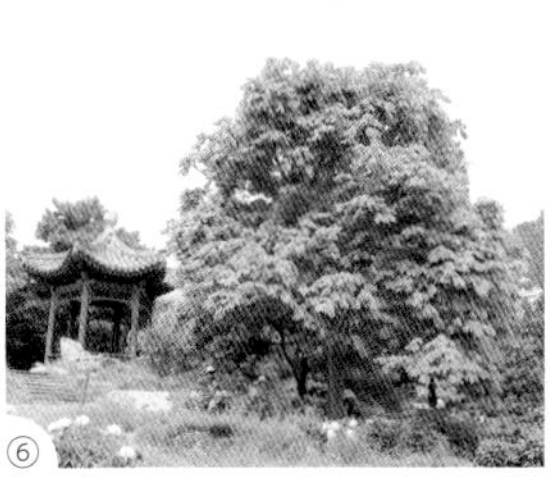
⑥

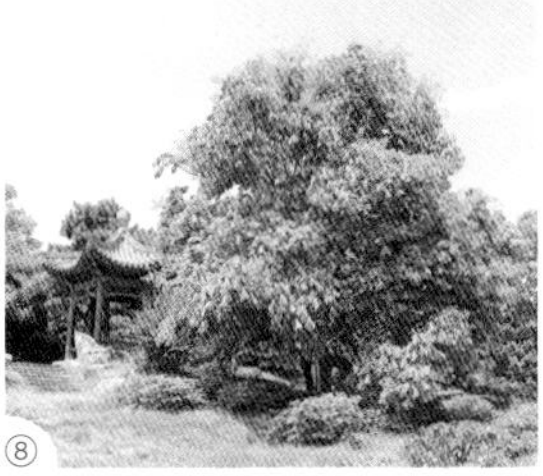
⑧

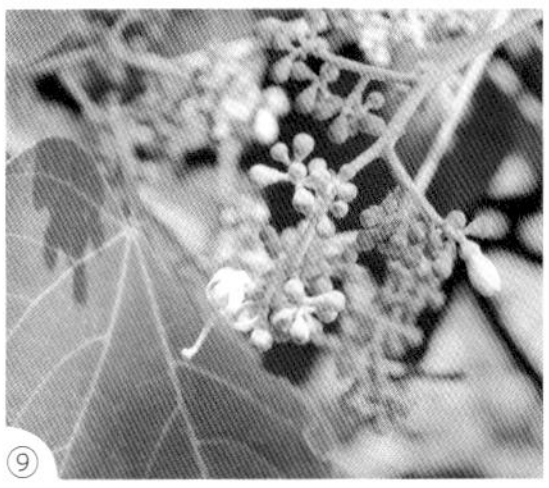
⑨

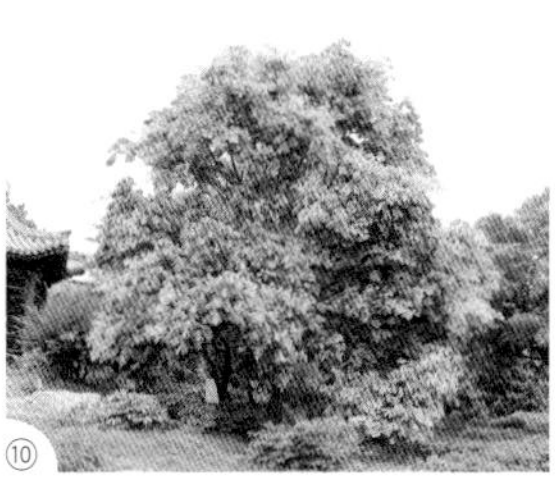
⑩

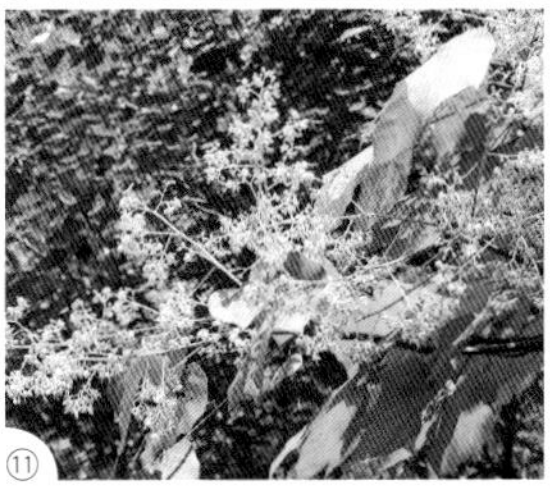
⑪

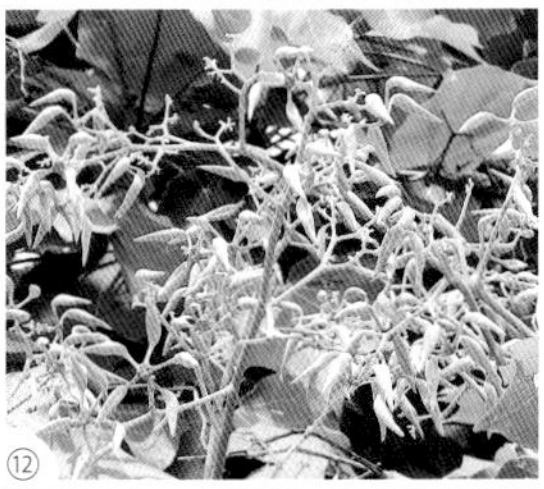
⑫

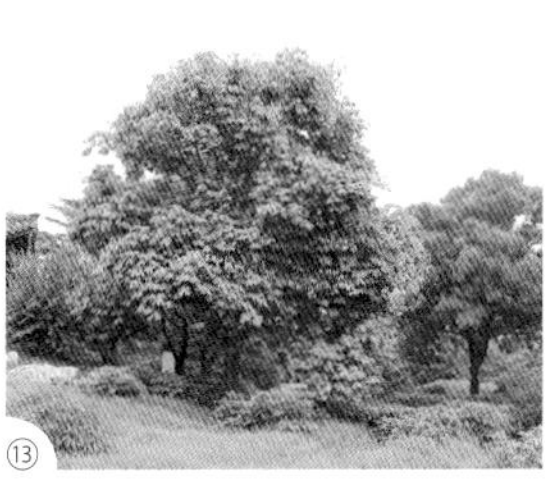
⑬

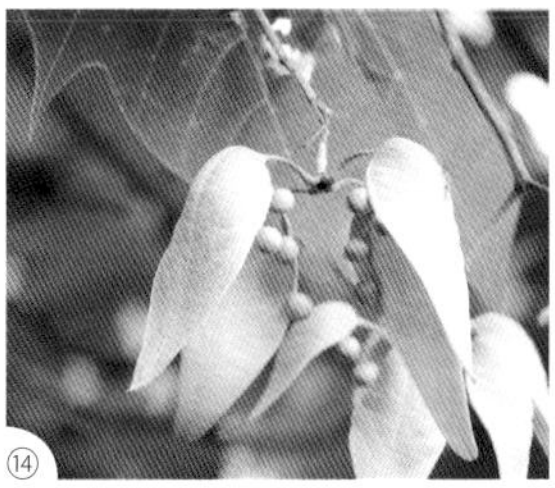
⑭

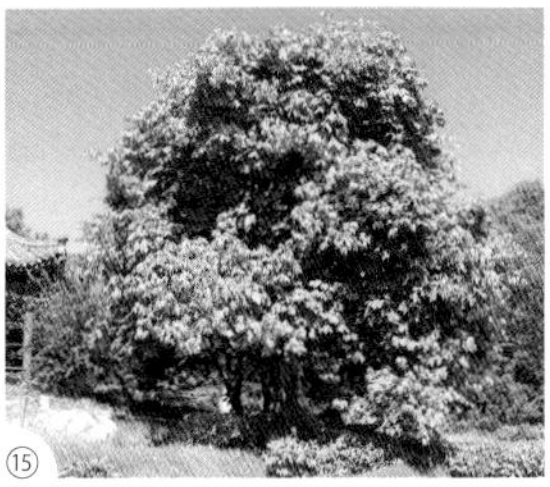
⑮

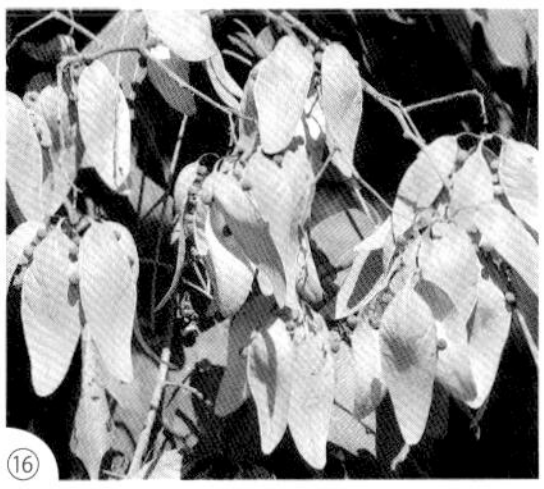
⑯

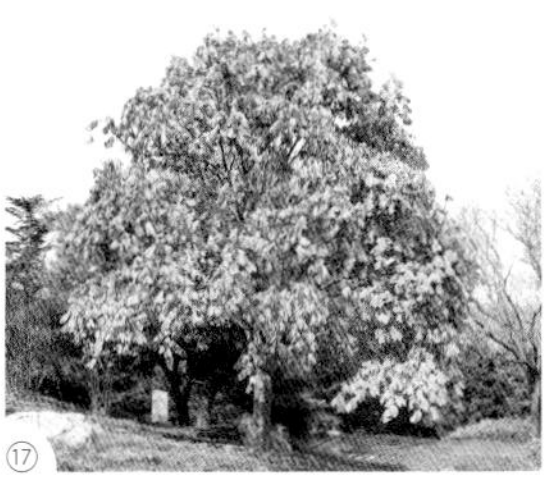
⑰

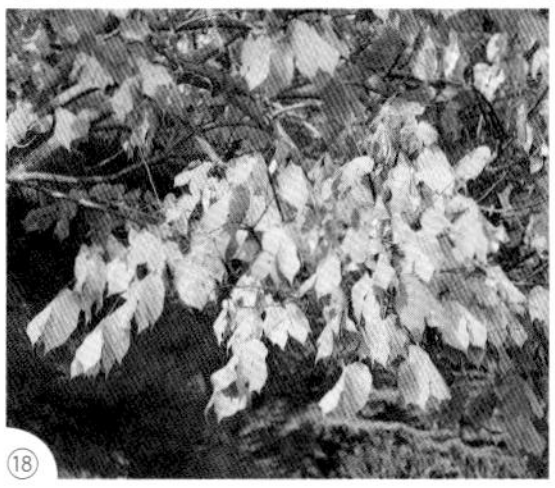
⑱

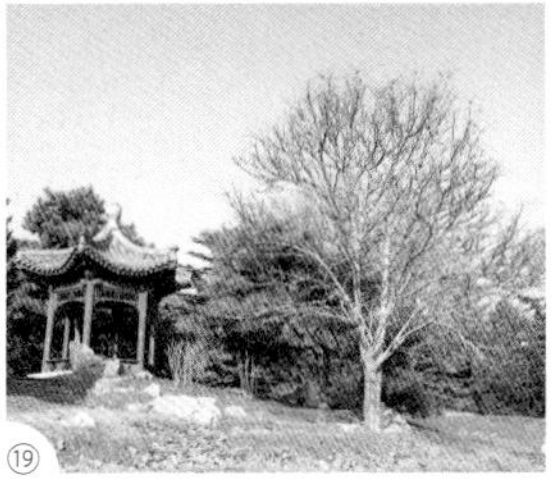
⑲

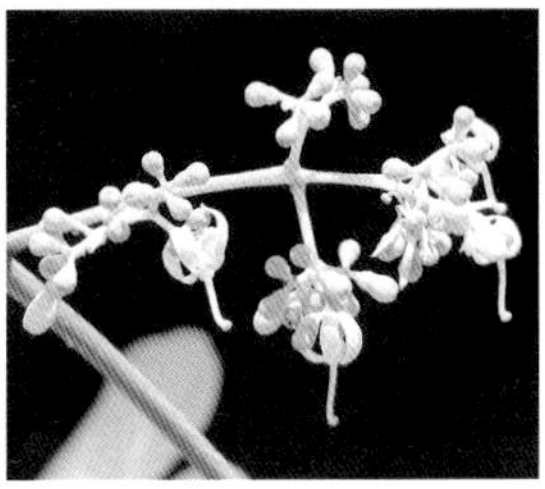

022

槐 *Sophora japonica*

豆科　槐属

落叶乔木，高达25m；树皮灰黑色，浅裂，小枝绿色。奇数羽状复叶互生，小叶7～17，对生或近对生，卵状椭圆形，全缘。花黄白色，顶生圆锥花序，荚果在种子间缢 缩成念珠状。喜光，耐寒，适生于肥沃、湿润而排水良好的土壤，在石灰性及轻盐碱土上也能正常生长。深根性，寿命长，耐强修剪，移栽易活，对烟尘及有害气体抗性较强。北京地区花期7月下旬至8月上旬。树冠宽广，枝叶茂密，寿命长，为良好的庭荫树及行道树种。

① 04.20 芽开放期
② 04.25 展叶始期
③ 05.05 展叶盛期
④ 05.20 显蕾期
⑤ 07.25 盛花期
⑥ 09.30 结果期
⑦ 11.08 秋色盛期

023

山杏

Armeniaca sibirica

蔷薇科　杏属

落叶小乔木，高3～5m，有时呈灌木状。新枝古铜色。叶小，卵圆形，先端尾尖，叶缘有齿。花单生，白色或粉红色，近无梗。习性喜光，耐寒性强，耐干旱贫瘠，抗性强。北京地区春季3月中下旬叶前开花。果实卵球形，6月成熟，不宜食用。叶秋色期10月中旬至11月上旬。

①	03.10	芽开放期
②	03.15	始花期
③	03.15	始花期
④	03.21	盛花期
⑤	03.21	盛花期
⑥	04.02	展叶始期
⑦	04.02	展叶始期
⑧	04.12	展叶盛期，结果始期
⑨	04.12	展叶盛期，结果始期
⑩	06.05	果实成熟期
⑪	10.13	秋色始期
⑫	10.13	秋色始期
⑬	10.29	秋色盛期
⑭	10.29	秋色盛期
⑮	11.12	落叶末期

024

辽梅山杏

Armeniaca sibirica var. *pleniflora*

蔷薇科　杏属

山杏变种。花大而重瓣，深粉红色，花朵密，形似梅花。习性喜光，耐寒性强，耐干旱贫瘠，抗性强。北京地区3月下旬至4月初叶前开花，秋色叶红艳，秋色期9～10月。多用于园林栽培。

① 03.11 芽开放期
② 03.17 显蕾期
③ 03.29 盛花期
④ 03.29 盛花期
⑤ 04.13 展叶始期，结果始期
⑥ 04.13 展叶始期，结果始期
⑦ 04.20 展叶盛期
⑧ 08.26 秋色始期
⑨ 08.26 秋色始期
⑩ 10.12 秋色显著期
⑪ 10.12 秋色显著期
⑫ 10.23 秋色盛期
⑬ 10.23 秋色盛期
⑭ 10.31 落叶末期

①

②

③

④

⑤

⑥

⑦

⑧

⑨

⑩

⑪

⑫ ⑬ ⑭

025

小果海棠

Malus × micromalus

蔷薇科　苹果属

落叶小乔木，高达2.5～5m。小枝紫红色或暗褐色，具稀疏皮孔。叶片长椭圆形或椭圆形，叶缘锯齿尖锐，叶柄细长。伞形总状花序，有花4～7朵，花瓣粉红色。果实近球形，红色，酸甜可食。喜光，耐寒，抗干旱，对土壤适应力强，较耐盐碱和水湿。根系发达，寿命较长。北京地区花期4月上中旬，10月中旬果实成熟。花朵密集，花美丽，为常见栽培的果树及观赏树。

① 03.03 芽开放期
② 03.13 展叶始期，显花序期
③ 03.13 展叶始期，显花序期
④ 03.27 显蕾期
⑤ 03.27 显蕾期
⑥ 04.06 盛花期
⑦ 04.06 盛花期
⑧ 04.17 展叶盛期
⑨ 04.17 展叶盛期
⑩ 10.13 果实成熟期
⑪ 11.13 秋色盛期
⑫ 11.25 落叶末期

026

观赏桃

Amygdalus persica var. *persica* f. *duplex*

蔷薇科　桃属

观赏桃是植于庭院观赏的桃的栽培变种及品种的统称，在我国有悠久的栽培历史。落叶小乔木，高3～5m。冬芽3枚并生，两侧花芽，中间叶芽。叶长椭圆状披针形。花单生，先叶开放；花瓣5基数，长圆状椭圆形至宽倒卵形，少披针形；单瓣或重瓣；花色有白、粉、红及复色等。喜光，较耐寒，不耐积水，寿命短。北京地区春季4月上旬叶前开花，果实成熟期7～8月。常用于专类园，也可丛植于路旁、草坪边。

观赏桃品种十分丰富，北京园林绿地中常见的品种包括'单粉'桃（'Danfen'）、'二色'桃（'Erse'）、'寒红'桃（'Hanhong'）、绛桃（'Camelliaeflora'）、'菊花'桃（'Kikumomo'）、帚桃（'Fastigiata'）、'寿星'桃（'Densa'）、'紫叶'桃（'Atropurpurea'）等。

26-1

「单粉」桃

Amygdalus persica 'Danfen'

单瓣，花色淡粉。

① 03.28 显蕾期

② 04.07 盛花期， 展叶始期

③ 04.18 展叶盛期

④ 04.18 展叶盛期

⑤ 07.25 果实成熟期

⑥ 10.13 秋色始期

⑦ 10.29 落叶末期

26-2

「二色」桃

Amygdalus persica ‘Erse’

重瓣，花色为淡粉及深粉复色。

① 03.13 芽开放期
② 03.27 显蕾期
③ 04.06 始花期
④ 04.06 始花期
⑤ 04.11 盛花期
⑥ 04.18 展叶盛期
⑦ 11.13 落叶末期

26-3

「寒红」桃

Amygdalus persica 'Hanhong'

重瓣，花色深红。

① 03.05 芽开放期
② 04.02 始花期
③ 04.02 始花期
④ 04.07 盛花期
⑤ 04.18 展叶盛期
⑥ 11.01 秋色盛期
⑦ 11.12 落叶末期

①

②

③

④

⑤ ⑥

⑦

027

垂丝海棠

Malus halliana

蔷薇科　苹果属

落叶乔木，高达5m，树冠开展。叶片卵形或椭圆形至长椭卵形，边缘有圆钝细锯齿。伞房花序，具花4～6朵，花梗细长下垂，花鲜红色。果实梨形或倒卵形，略带紫色。喜光，喜温暖湿润气候，不耐寒冷和干旱。花期4月上中旬，果期9～10月。花繁色艳，花朵下垂，早春期间甚为美丽，是著名的庭院观赏花木，也可盆栽观赏。

① 03.03 芽开放期
② 03.13 展叶始期
③ 03.27 显蕾期
④ 03.27 显蕾期
⑤ 04.11 盛花期
⑥ 04.23 展叶盛期，结果始期
⑦ 04.23 展叶盛期，结果始期
⑧ 11.20 秋色盛期
⑨ 12.01 落叶末期

现代海棠

Malus cvs

蔷薇科　苹果属

近代欧美特别是北美国家的园林育种工作者通过杂交选育出大量观赏海棠新品种，近年来引入国内后在北京园林绿地中得到大量推广及应用，多被称为“北美海棠”。现代海棠多为落叶小乔木，株高多5～7m。花、叶、干、果色彩丰富，四时可赏；且耐寒、耐旱、抗病性强，对北京环境条件具有较强的适应性，适宜在北京园林绿地中推广应用。现代观赏海棠品种花期集中于4月中下旬，花色多为白、粉或红色，不同品种在花色、花形和花期上有一定差异；多数品种的红艳果实冬季宿存，在夏秋季成熟后经冬不落，果实观赏期长达6～10个月，极大丰富了北京冬季植物景观的季相色彩。

北京园林绿地中常见的现代海棠品种有：‘绚丽’（‘Radiant’）、‘王族’（‘Royalty’）、‘红丽’（‘Red Splender’）、‘印第安魔力’（‘Indian Magic’）、‘道格’（‘Dolgo’）、‘粉屋顶’（‘Pink Spires’）、‘高原之火’（‘Prairifire’）、‘凯尔斯’（‘Kelsey’）、‘丰盛’（‘Profusion’）‘当娜’（‘Donald Wyman’）、‘路易莎’（‘Louisa’）、‘春雪’（‘Spring Snow’）、‘珊瑚礁’（‘Coralcole’）、‘红珠宝’（‘Red Jewel’）等

① 04.10 ‘绚丽’
② 04.10 ‘王族’
③ 04.11 ‘红丽’
④ 04.12 ‘印第安魔力’
⑤ 04.12 ‘粉屋顶’
⑥ 04.13 ‘高原之火’
⑦ 04.13 ‘凯尔斯’
⑧ 04.15 ‘当娜’
⑨ 04.15 ‘路易莎’
⑩ 04.16 ‘春雪’
⑪ 04.24 ‘珊瑚礁’
⑫ 04.24 ‘红珠宝’

28-1

「王族」海棠

Malus ‘Royalty’

小枝暗紫；新叶红色，老叶绿色；花深粉色。

①	03.18	展叶始期
②	03.18	展叶始期
③	03.24	显花序期
④	03.31	显蕾期
⑤	03.31	显蕾期
⑥	04.05	始花期
⑦	04.05	始花期
⑧	04.10	盛花期
⑨	04.10	盛花期
⑩	04.21	末花期
⑪	04.27	结果始期
⑫	05.02	展叶盛期
⑬	09.30	果实成熟期
⑭	11.14	秋色盛期
⑮	11.24	落叶末期

①

②

③

④

⑤

⑥

⑦

⑧

⑨

⑩

⑪

⑫

⑬

⑭

⑮

①	03.05	芽开放期	⑧	04.25	展叶盛期
②	03.21	展叶始期	⑨	06.09	果实始变色
③	03.21	展叶始期	⑩	08.01	果实成熟期
④	04.02	显蕾期	⑪	09.28	秋色始期， 果实脱落期
⑤	04.12	盛花期	⑫	09.28	秋色始期， 果实脱落期
⑥	04.12	盛花期	⑬	10.25	秋色盛期
⑦	04.18	末花期	⑭	11.12	落叶末期

28-2

「高原之火」海棠

Malus 'Prairifire'

新生叶片亮酒红色，成熟叶色渐变为带紫的橄榄绿色。花蕾深红色，花深粉红色。

029

楸 *Catalpa bungei*

紫葳科　梓属

落叶乔木，高达20～30m。干皮纵裂，小枝无毛。叶对生或轮生，卵状三角形，叶缘近基部有侧裂或尖齿，叶背基部脉腋有2个紫斑。花顶生总状花序，花冠钟状，淡红色，内有黄色条纹及暗紫色斑点。蒴果细长下垂。速生树，性喜温和气候，不耐严寒，不耐干瘠和水湿，对有毒气体抗性较强。北京地区花期4月中下旬，果实成熟期10月，干直荫浓，可作行道树或庭荫树。

①	03.31	芽开放期
②、③	04.05	展叶始期
④、⑤	04.10	显花序期
⑥、⑦	04.16	展叶盛期，始花期
⑧、⑨	04.21	盛花期
⑩、⑪	10.23	秋色盛期
⑫	11.14	落叶末期

①

③

②

④

⑤

⑦

⑨

⑪

⑥

⑧

⑩

⑫

030

毛泡桐

Paulownia tomentosa

玄参科 泡桐属

落叶乔木，高达15～20m。叶对生，具长柄，叶片大，心形，表面有柔毛及腺毛，背面密被毛。顶生聚伞圆锥花序宽大，明显有总梗，花萼浅钟形裂过半，花冠漏斗状钟形，鲜紫色或蓝紫色。蒴果卵形。速生树，强阳树种，不耐阴，对温度适应范围较宽，怕积水而较耐干旱，不耐盐碱，对二氧化硫、氯气、氟化氢的抗性均强。北京地区花期4月下旬至5月上旬，春季叶前开放，美丽而壮观，果实成熟期10～11月。

①　04.13　芽开放期
②　04.19　展叶始期、显蕾期
③　04.19　展叶始期、显蕾期
④　04.25　盛花期
⑤　04.25　盛花期
⑥　05.21　展叶盛期
⑦　05.21　展叶盛期
⑧　10.31　秋色始期
⑨　11.10　秋色盛期
⑩　11.16　落叶末期
⑪　11.16　果实成熟期

031

合欢

Albizia julibrissin

豆科　合欢属

高达10～16m，树冠开展呈伞形；复叶具羽片4～12对，各羽片具小叶10～30对，小叶镰刀形，先端尖，叶缘及背面中脉有柔毛或近无毛，夜合昼展。花丝粉红色，细长如绒缨；头状花序排成伞房状；喜光，较耐寒，耐干旱瘠薄和沙质土壤，不耐水湿。北京地区花期5月下旬至6月中旬。树形优美，羽叶雅致，盛夏红色绒花满树，是优良的城乡绿化及观赏树种，尤宜作庭荫树及园景树。

① 04.05 芽开放期
② 05.02 展叶始期
③ 05.15 展叶盛期
④ 06.07 盛花期
⑤ 06.07 盛花期
⑥ 08.17 结果始期
⑦ 09.07 果实成熟期
⑧ 11.14 落叶末期

①	04.05	芽开放期	⑥	06.01	盛花期
②	04.25	展叶始期	⑦	06.01	盛花期
③	04.25	展叶始期	⑧	08.17	果实成熟期
④	05.05	展叶盛期	⑨	10.30	秋色盛期
⑤	05.05	展叶盛期	⑩	11.19	落叶末期

032

石榴

Punica granatum

石榴科　石榴属

pH<7

落叶灌木或小乔木，高达3～5m。单叶对生或簇生，纸质，矩圆状披针形，全缘。花大，单生枝端，鲜红色，花萼钟形，紫红色。浆果近球形，古铜黄色或古铜红色，汁多可食。喜光，喜湿润肥沃而排水良好的土壤。北京地区花期5月下旬至6月上旬，果实成熟期8～9月。叶翠绿，花大而鲜艳，是美丽的观赏树及果树，也是盆栽和制作盆景、桩景的理想材料。

①　②　③　④　⑤　⑥

⑦　⑩

⑧　⑨

二、秋色叶乔木

Trees with colorful leaves in Autumn

[黄色系]

白桦
二球悬铃木
丝绵木
黑弹树
蒙古栎
洋白蜡
银杏
杂种鹅掌楸
华北落叶松
加杨
水杉

[红色系]

'秋焰'银红槭
黄连木
栾树
元宝枫

033

白桦

Betula platyphylla

桦木科　桦木属

pH<7

落叶乔木，高达20～25m；树皮白色，多层纸状剥离；小枝红褐色。叶菱状三角形，缘有不规则重锯齿，背面有腺点。果序单生，下垂，圆柱形。喜光，耐严寒，喜酸性土，耐瘠薄及水湿；生长快。白桦枝叶扶疏，姿态优美，树皮光滑洁白，秋色叶金黄灿烂，秋色期9月上旬至10月中旬。北京平原地区炎热环境下生长不良。

①	04.03	芽开放期
②	04.08	展叶始期
③	04.18	盛花期，展叶盛期
④	04.18	盛花期，展叶盛期
⑤	08.07	果实成熟期
⑥	09.06	秋色始期
⑦	10.12	秋色盛期
⑧	10.12	秋色盛期
⑨	10.23	落叶末期

034

二球悬铃木

Platanus acerifolia

悬铃木科　悬铃木属

高达30～35m；树皮灰绿色，薄片状剥落，剥落后呈绿白色，光滑。叶近三角形，长9～15cm，3～5掌状裂，缘有不规则大尖齿；果球常2个一串，宿存花柱刺状。其生长迅速，耐修剪、抗烟尘，适应性强，有一定耐寒性。北京地区花期4月中旬，果实9～10月成熟。北京地区叶幕期4月中旬至12月上旬，秋冬落叶较晚，秋色叶具观赏性。本种是法桐与美桐的杂交种，树体高大，枝叶茂密，遮阴效果好，在北京城市绿化中得到大量应用。

① 03.22 芽开放期
② 03.22 芽开放期
③ 04.17 展叶始期， 雄花盛花期
④ 04.20 雌花盛花期
⑤ 04.25 展叶盛期， 结果始期
⑥ 04.25 展叶盛期， 结果始期
⑦ 11.11 秋色盛期

① 03.06 芽开放期
② 03.22 展叶始期
③ 04.19 展叶盛期，显花序期
④ 04.19 展叶盛期，显花序期
⑤ 05.21 盛花期
⑥ 05.21 盛花期
⑦ 06.10 结果始期
⑧ 08.24 果实成熟期
⑨ 10.23 秋色盛期
⑩ 10.23 秋色盛期
⑪ 11.08 落叶末期
⑫ 11.08 落叶末期

035

丝绵木

Euonymus maackii

卫矛科 卫矛属

落叶小乔木，高达8m；小枝细长，绿色光滑。叶菱状椭圆形至卵状椭圆形，长4～8cm，先端长锐尖，缘有细齿。花部4基数，花药紫色；腋生聚伞花序，花期5月中下旬。蒴果4深裂，假种皮橘红色。稍耐阴，适应性强，耐寒，耐干旱，也耐水湿；深根性，根萌蘖力强，生长较慢。本种枝叶秀丽，假种皮冬季具有一定的观赏性，宜植于园林绿地，也可植于湖岸、溪边构成水景。

1月	2月	3月	4月	5月	6月	7月	8月	9月	10月	11月	12月

叶幕期
花期
果实成熟期

036

黑弹树

Celtis bungeana

榆科　朴属

落叶乔木，高达15～20m。叶长卵形，基部不对称。花细小，杂性（两性花和单性花同株），叶前开放；花萼4～5裂，黄绿色，无花瓣；多3～5朵簇生于当年枝叶腋，花梗长1～2cm。果熟时紫黑色。喜光，也较耐阴，耐寒，耐旱，喜黏质土；深根性，萌蘖性强；生长慢，寿命长。北京地区花期3月下旬，果实成熟期9月上中旬，秋色期10月中旬至11月上旬。其树形美观、枝叶茂密、树皮光滑，宜作庭荫树及城乡绿化树种。

①	03.18	芽开放期	⑦	08.25	果实成熟期
②	03.31	盛花期	⑧	10.13	秋色始期
③	03.31	盛花期	⑨	10.13	秋色始期
④	04.05	展叶始期	⑩	10.30	秋色盛期
⑤	04.10	结果期	⑪	10.30	秋色盛期
⑥	04.16	展叶盛期	⑫	11.14	落叶末期

① 03.22 芽开放期
② 04.03 展叶始期
③ 04.03 展叶始期
④ 04.09 盛花期
⑤ 04.09 盛花期——雌花
⑥ 04.09 盛花期——雄花
⑦ 04.13 展叶盛期
⑧ 09.06 果实成熟期
⑨ 10.23 秋色盛期
⑩ 10.23 秋色盛期
⑪ 11.17 落叶末期

037

蒙古栎

Quercus mongolica

山毛榉科　栎属

落叶乔木，高达30m；小枝粗壮，无毛。叶常集生枝端，倒卵形，长7～18cm，先端短钝或短突尖，基部窄圆或耳形，缘有深波状缺刻。性喜光，耐寒性强，耐干旱瘠薄，抗病虫害；生长速度中等偏慢。北京地区花期4月上中旬，秋色期10月中旬至11月中旬，秋色叶橙黄至橙红。是北方造林树种之一，也可植为园林绿化树种。

038

洋白蜡

Fraxinus pennsylvanica

木犀科　梣属

落叶乔木，高达20m。树皮纵裂，小枝有毛或无毛。奇数羽状复叶，小叶7～9，卵状长椭圆形至披针形，缘有齿或近全缘，背面通常有短柔毛。圆锥花序生于去年生枝侧，雄花与两性花异株，无花瓣，有花萼，北京地区4月上旬叶前开花。翅果，果翅披针形，下延至果实基部。喜光，耐寒，耐水湿，耐旱，耐盐碱，对城市环境适应力强。秋色叶树种，秋色期10月下旬至11月上旬。常用作行道树及防护林树种，也可用作湖岸绿化及工矿区绿化。

洋白蜡（雄株）

①	03.27	芽开放期	⑥	04.17	展叶盛期
②	04.01	始花期	⑦	10.22	秋色始期
③	04.01	始花期	⑧	10.28	秋色盛期
④	04.06	盛花期，展叶始期	⑨	10.28	秋色盛期
⑤	04.06	盛花期，展叶始期	⑩	11.15	落叶末期

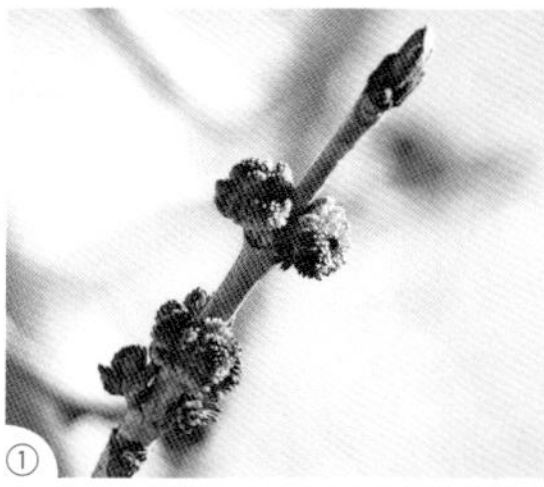
①

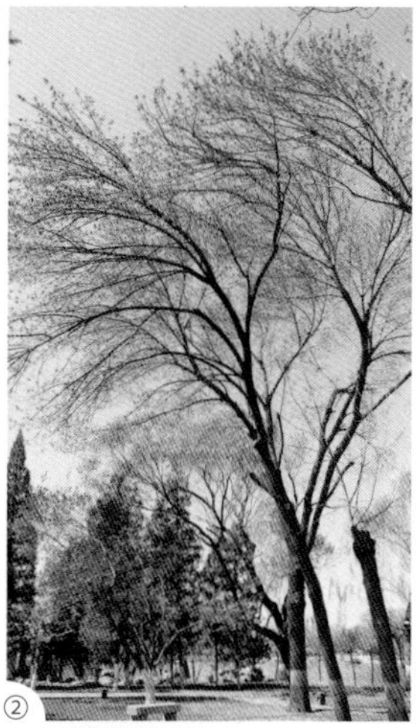
②

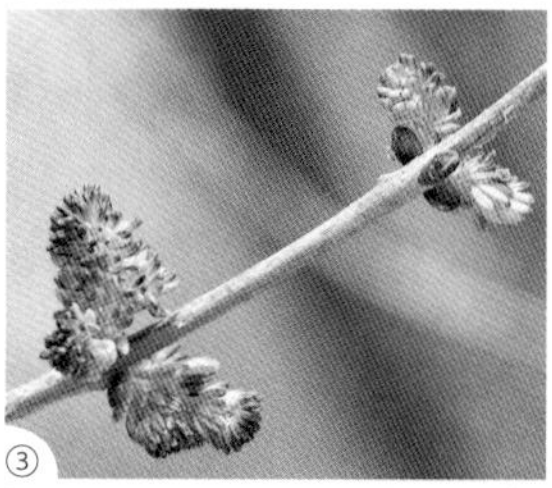
③

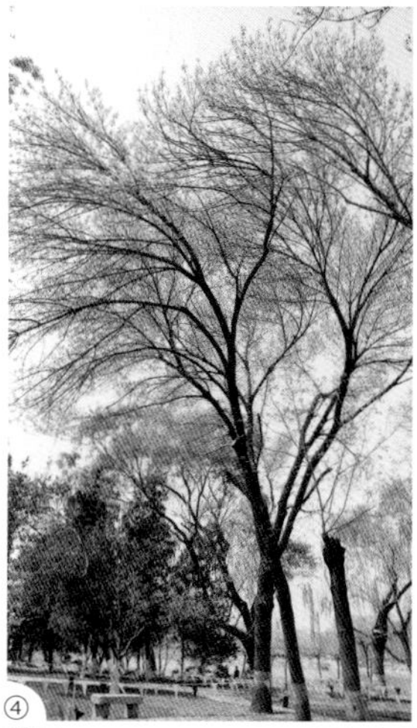
④

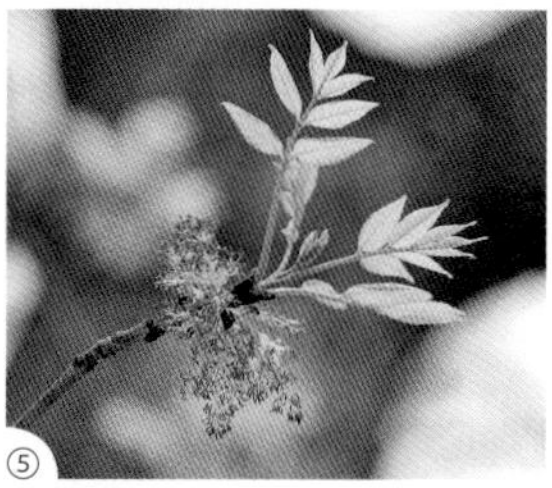
⑤

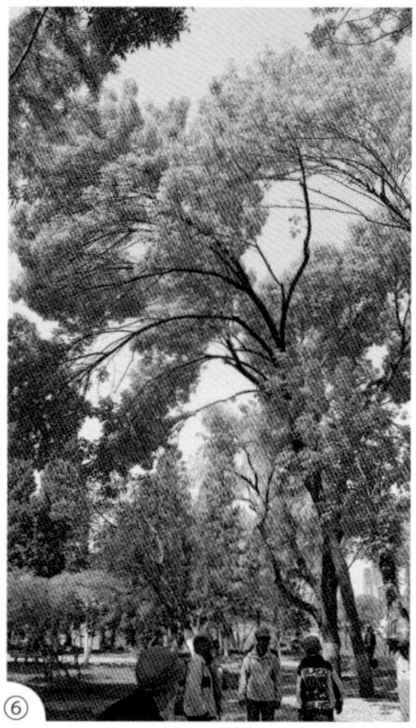
⑥

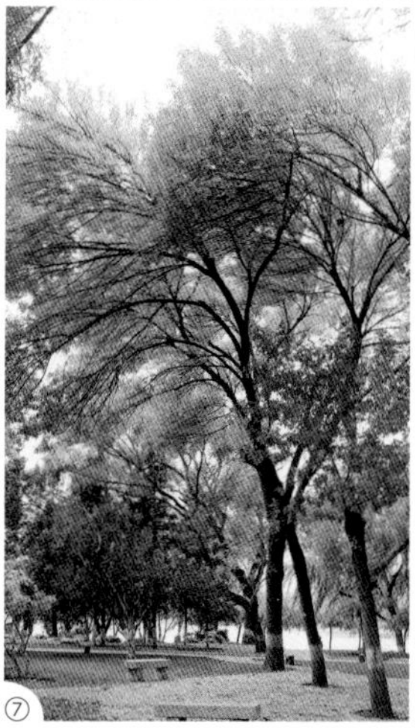
⑦

⑩

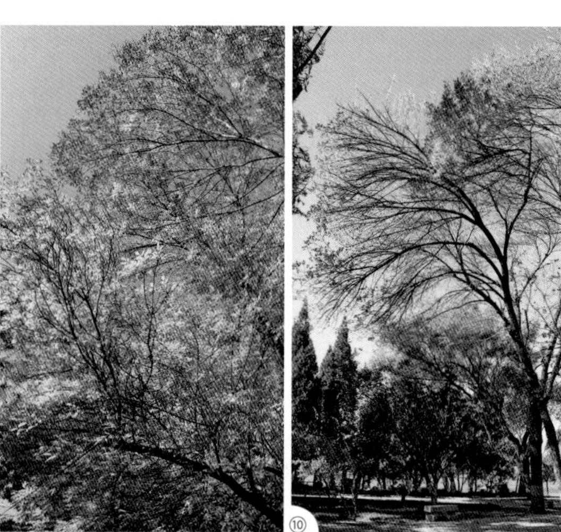

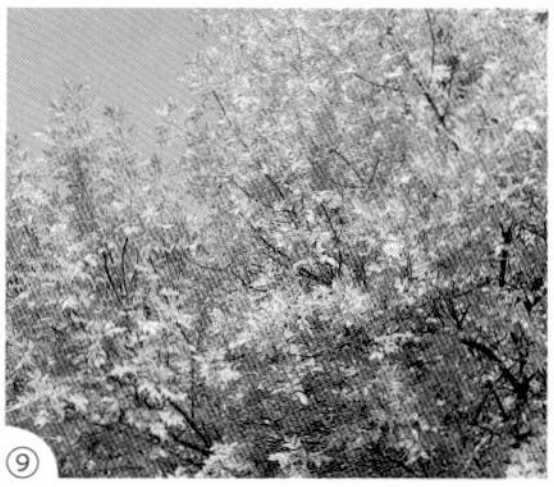
⑨

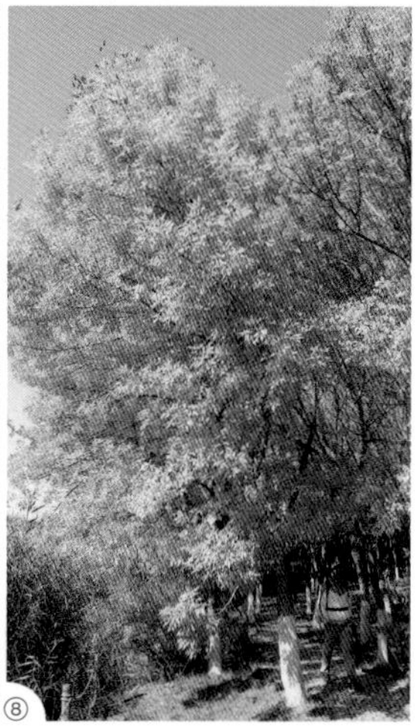
⑧

① 03.18 芽开放期（雄株）
② 03.31 展叶始期，显花序期（雄株）
③ 03.31 展叶始期，显花序期（雄株）
④ 04.11 盛花期（雄株）
⑤ 04.16 展叶盛期（雄株）
⑥ 04.16 结果始期（雌株）
⑦ 08.30 果实成熟期（雌株）
⑧ 10.13 秋色始期（雄株）
⑨ 10.13 秋色始期（雄株）
⑩ 10.30 秋色盛期（雄株）
⑪ 10.30 秋色盛期（雄株）

039

银杏

Ginkgo biloba

银杏科　银杏属

落叶乔木，高达40m。叶折扇形，先端常2裂，有长柄，互生于长枝，簇生于短枝。雌雄异株；种子核果状，具肉质外种皮。为中国特产树种，世界著名的古生树种，有“活化石”之称。喜光，耐寒，适应性强，耐干旱，不耐水涝，对大气污染有一定的抗性；深根性，生长较慢，寿命可达千年以上。北京地区花期4月上中旬，果实成熟期9月下旬至10月上旬，秋色期10月中旬至11月中旬。树干端直，树冠雄伟壮丽，秋叶鲜黄，颇为美观，宜作庭荫树、行道树及风景树。

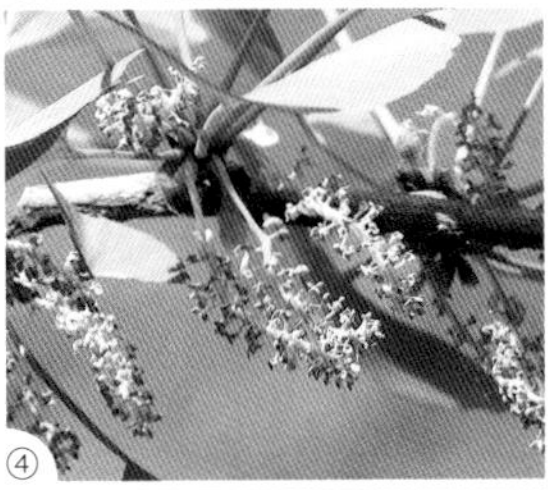

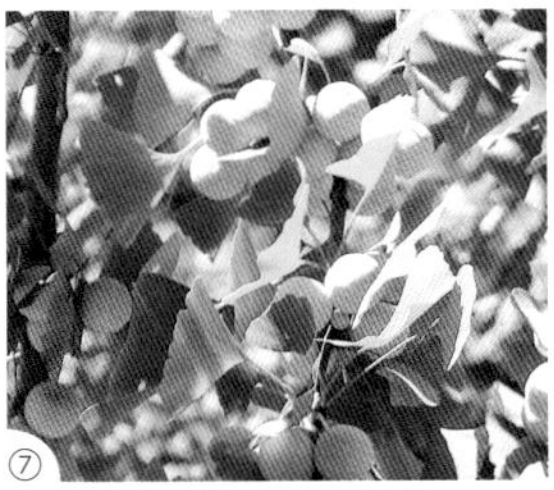

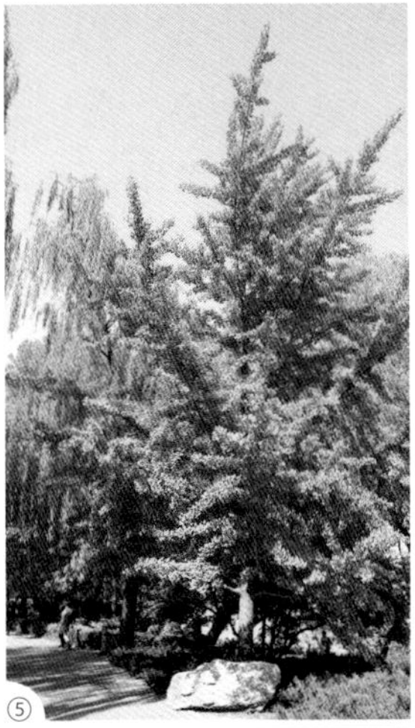

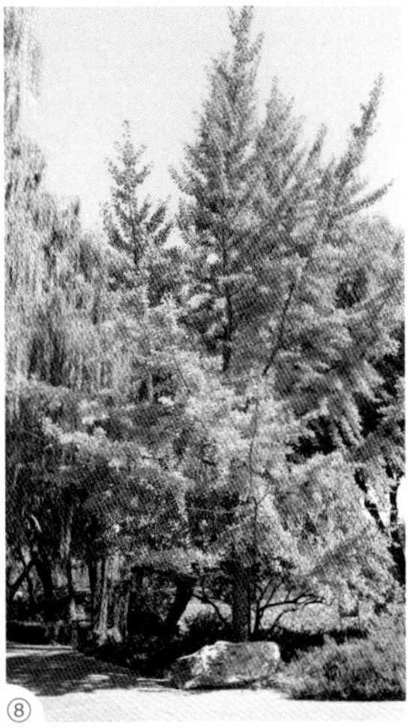

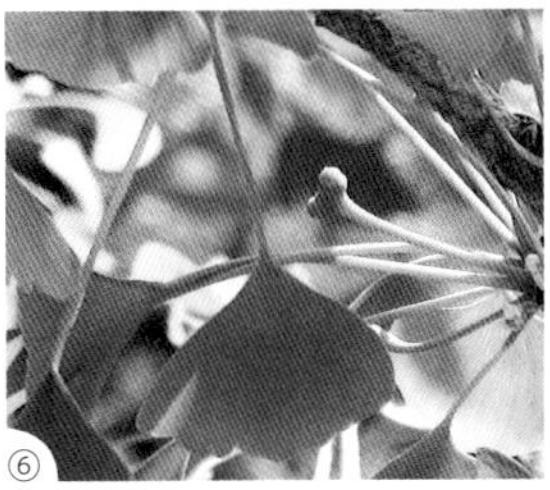

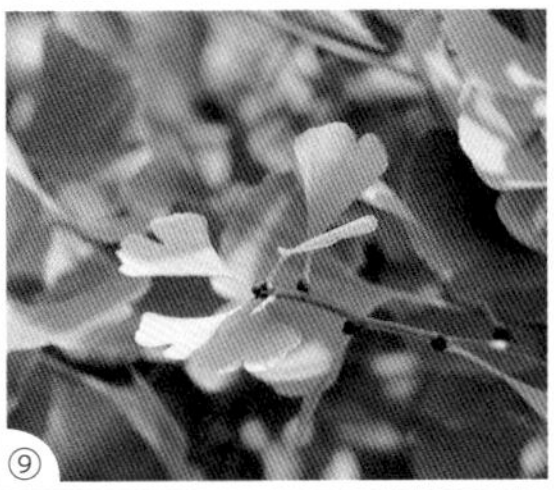

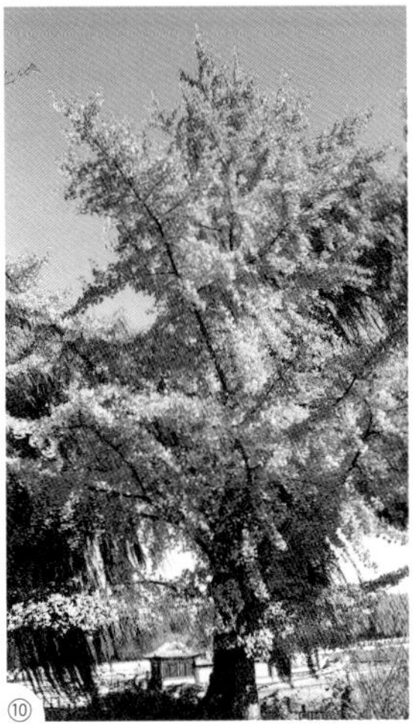

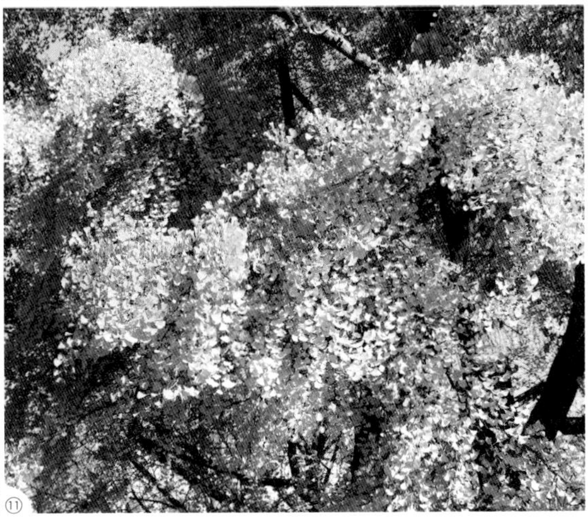

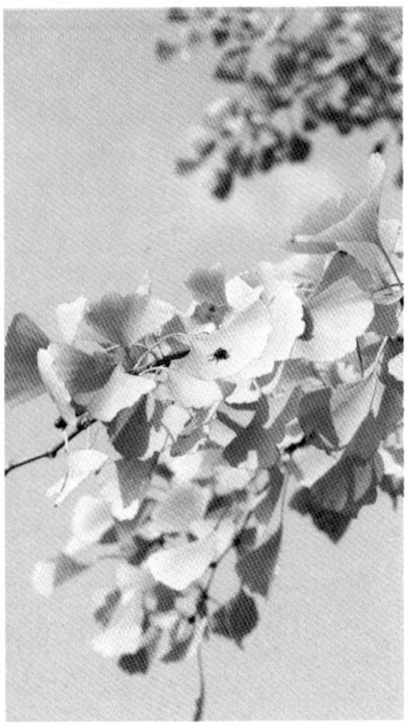

1月 2月 3月 4月 5月 6月 7月 8月 9月 10月 11月 12月

叶幕期

花期

040

杂种鹅掌楸

Liriodendron chinense × *Liriodendron tulipifera*

木兰科　鹅掌楸属

落叶乔木，高达40m；树皮紫褐色，皮孔明显，叶形介于鹅掌楸和美国鹅掌楸之间；花杯状，花被外轮3片黄绿色，内两轮黄色，北京地区花期4月中旬至5月中旬，秋色期10月中旬至11月中旬。杂种鹅掌楸具明显的杂种优势，生长快，适应平原能力强，耐寒性较强，北京能露地生长，是理想的园林绿化及秋色叶观赏树种。

①	03.15	芽开放期
②	03.15	芽开放期
③	04.02	展叶始期
④	04.02	展叶始期
⑤	04.12	显蕾期
⑥	04.12	显蕾期
⑦	04.24	展叶盛期， 盛花期
⑧	04.24	展叶盛期， 盛花期
⑨	05.17	结果始期
⑩	08.29	秋色始期
⑪	08.29	秋色始期
⑫	10.29	秋色盛期
⑬	10.29	秋色盛期
⑭	11.18	落叶末期
⑮	11.18	落叶末期

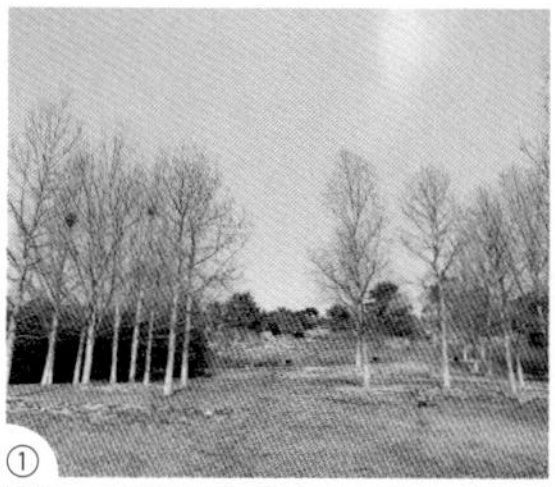
①

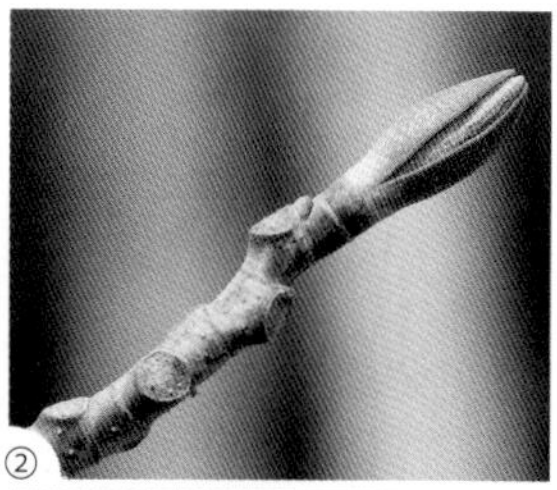
②

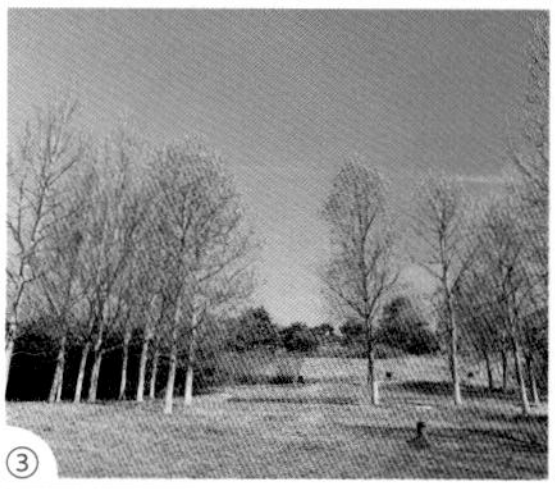
③

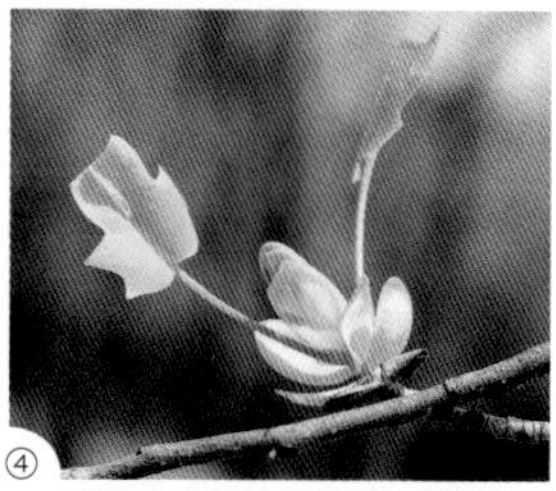
④

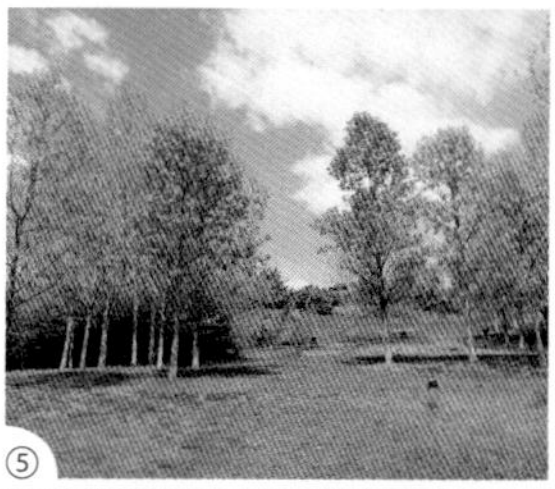
⑤

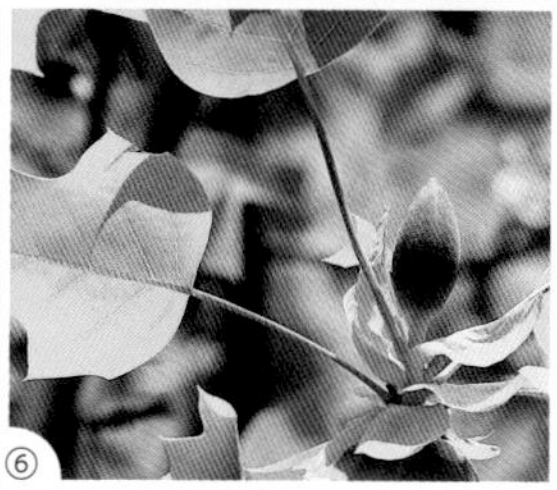
⑥

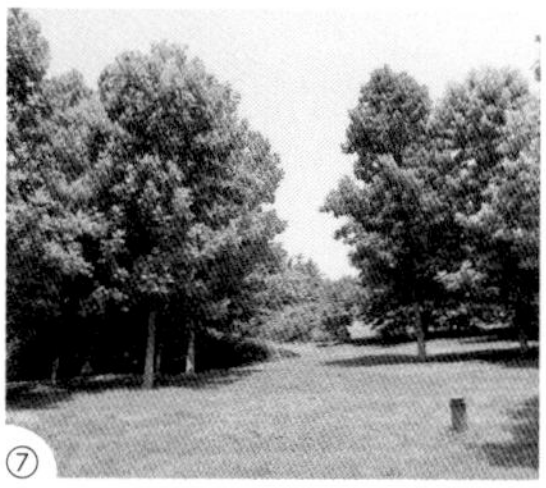
⑦

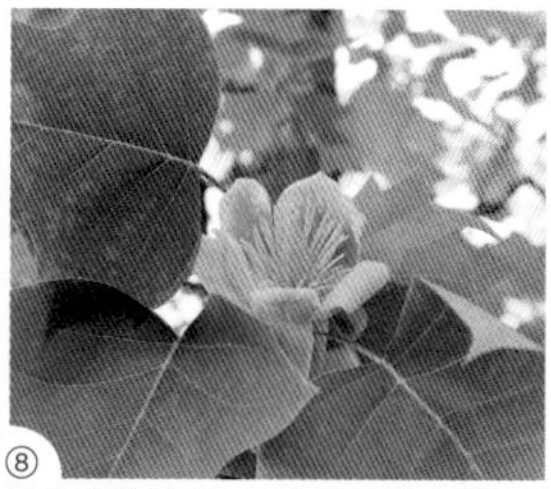
⑧

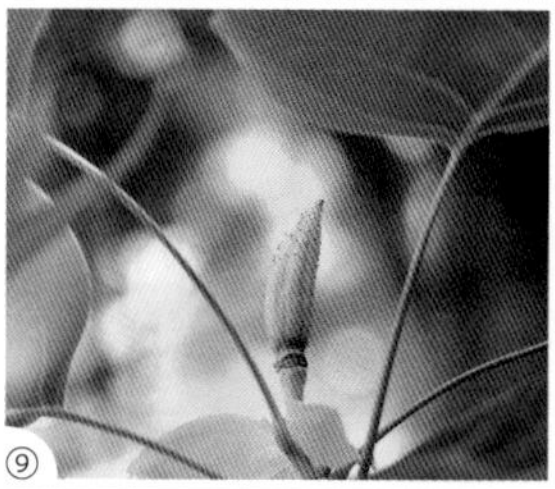
⑨

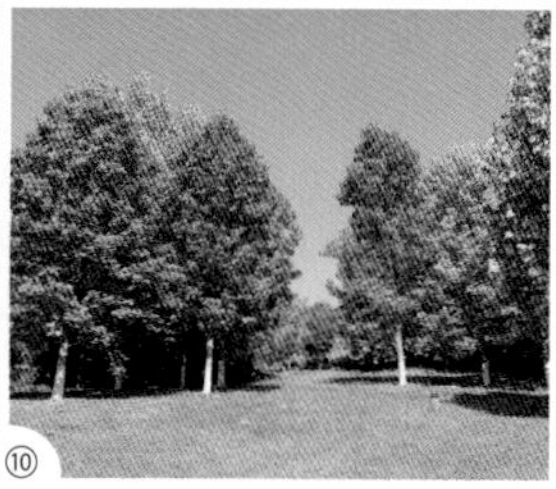
⑩

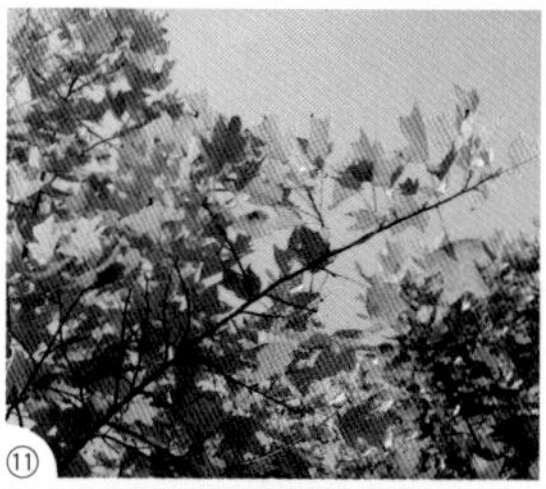
⑪

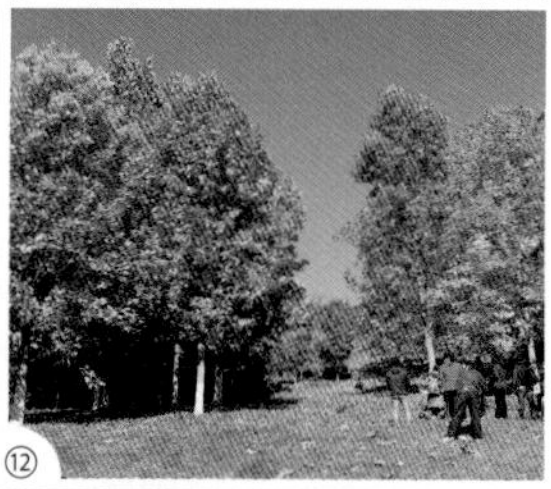
⑫

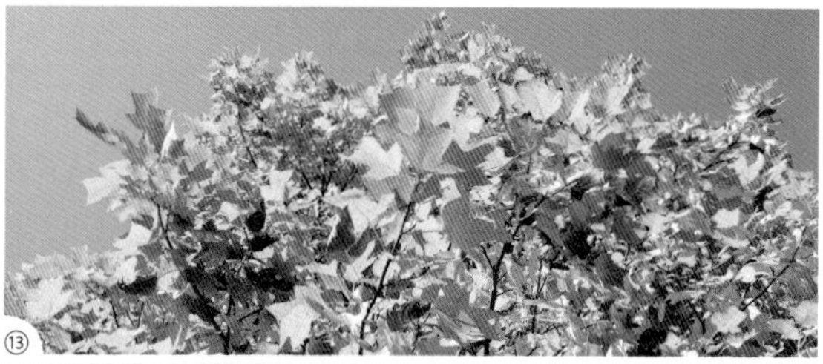
⑬

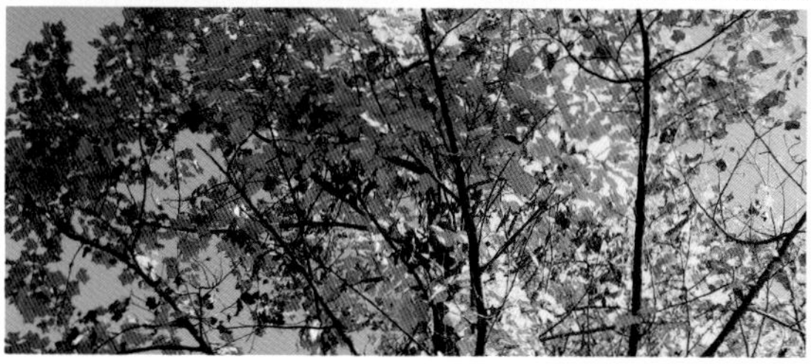

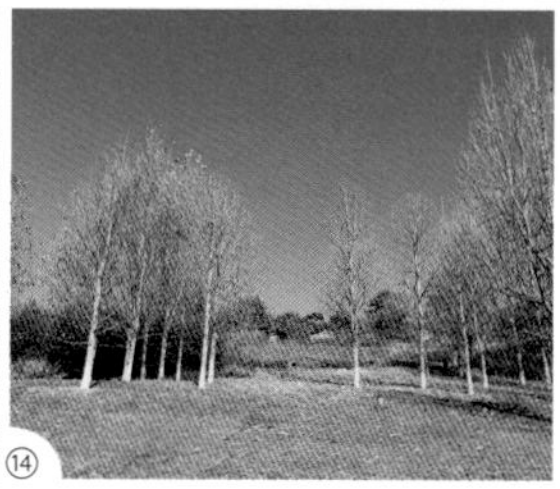
⑭

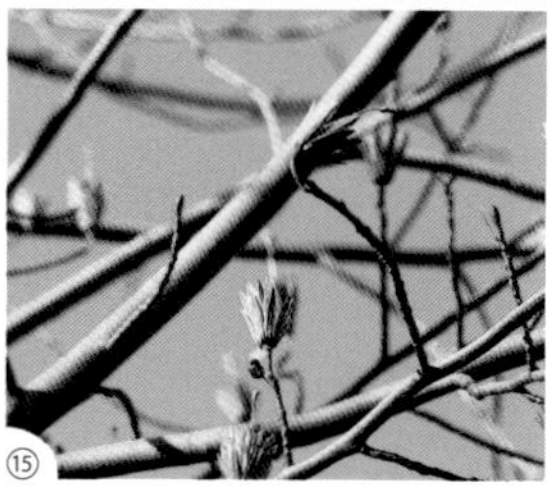
⑮

041

华北落叶松

Larix principis-rupprechtii

松科　落叶松属

☼　❄

落叶乔木，树高达30m；小枝不下垂或枝微下垂，1年生小枝黄棕色，径约1.5～2.5mm。叶长2～3cm；球果长卵形，苞鳞深紫色。原产华北地区高山上部，为海拔1400～2800m针叶林带的主要树种。秋色期10月下旬至11月中旬。强阳性，非常耐寒。材质优良，树形优美，为华北高山造林用材及绿化树种。

①

②

③

④

⑤

⑦

⑥

①	03.11	芽开放期
②	03.22	展叶始期
③	04.03	展叶盛期
④	04.03	展叶盛期
⑤	10.31	秋色盛期
⑥	10.31	秋色盛期
⑦	11.16	落叶末期

042

加杨 *Populus × canadensis*

杨柳科　杨属

高达30m，树皮纵裂；小枝有棱。叶近等边三角形，长6~10cm，先端渐尖，基部截形，锯齿圆钝；叶柄扁平。喜光，喜温凉气候及湿润土壤，也能适应暖热气候，耐水湿和轻盐碱土，生长迅速。北京地区3月中旬开花，秋色期11月上中旬。雌雄异株，雄株常作行道树及防护林树种。

加杨（雄株）

①	03.13	花芽开放期
②	03.16	盛花期
③	03.16	盛花期
④	03.27	叶芽开放期
⑤	04.01	展叶始期
⑥	04.01	展叶始期
⑦	04.06	展叶盛期
⑧	04.06	展叶盛期
⑨	11.08	秋色盛期
⑩	11.08	秋色盛期
⑪	11.19	落叶末期

043

水杉

Metasequoia glyptostroboides

杉科　水杉属

①	03.07	雄球盛花	⑥	04.16	展叶盛期
②	03.07	雄球盛花	⑦	10.30	秋色始期
③	03.18	叶芽开放	⑧	11.14	秋色盛期
④	04.05	展叶始期	⑨	11.14	秋色盛期
⑤	04.05	展叶始期	⑩	12.11	落叶末期

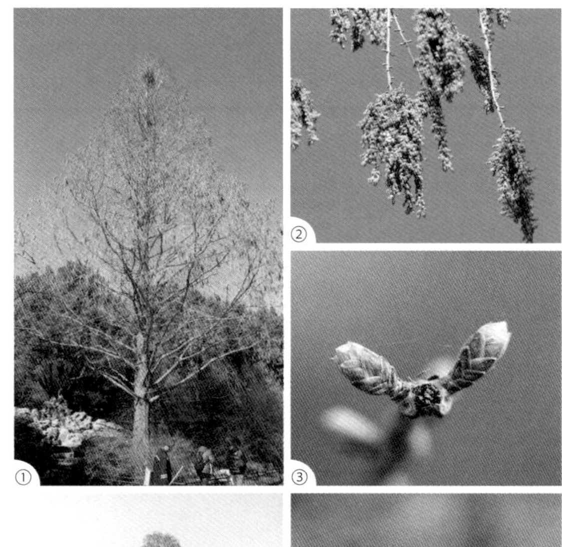

落叶乔木，高达40m；世界著名的古生树种，大枝不规则轮生，小枝对生。叶扁平线形，柔软，淡绿色，呈羽状排列，冬季与无芽小枝俱落。北京地区3月上旬叶前开花；球果近球形，当年成熟下垂；喜光，喜温暖气候及湿润、肥沃而排水良好的土壤，酸性、石灰性及轻盐碱土上均可生长，长期积水或过于干旱处生长不良；具有一定的耐寒性，北京能露地生长；生长较快，寿命长，病虫害少。秋色期长，从10月下旬至12月上旬，秋色褐红，树姿挺拔，极具观赏性。

①

②

③

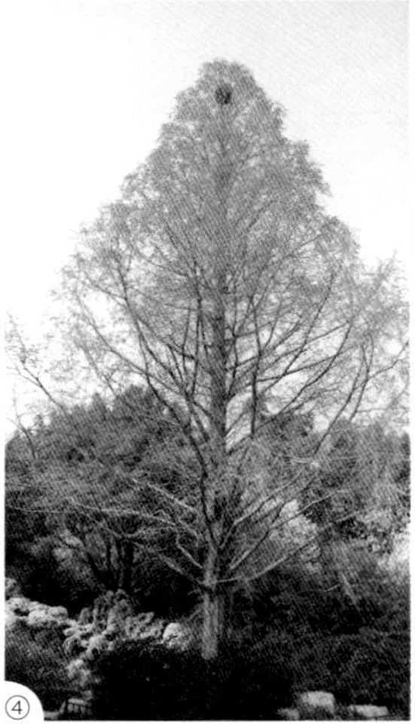
④

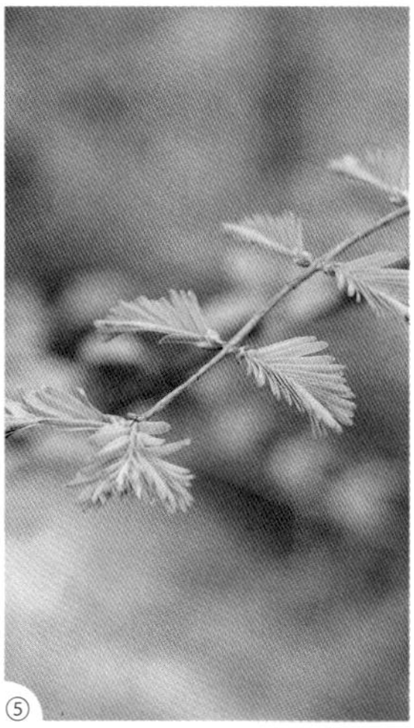
⑤

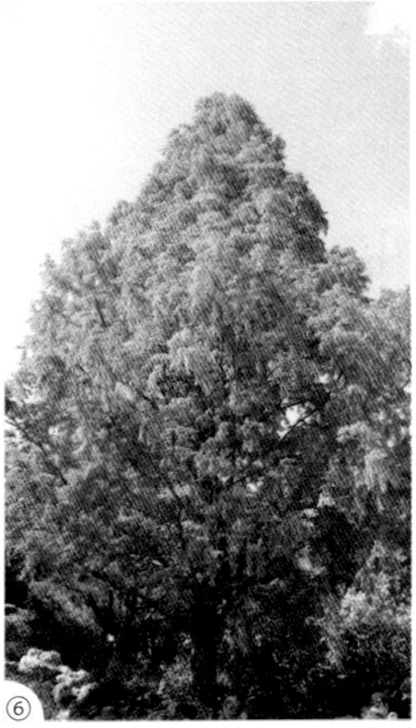
⑥

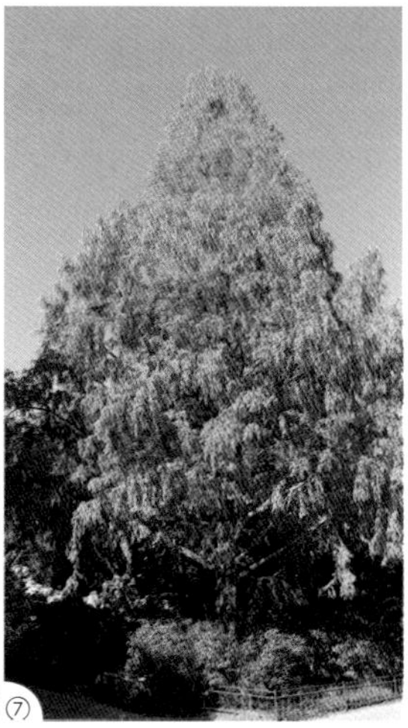
⑦

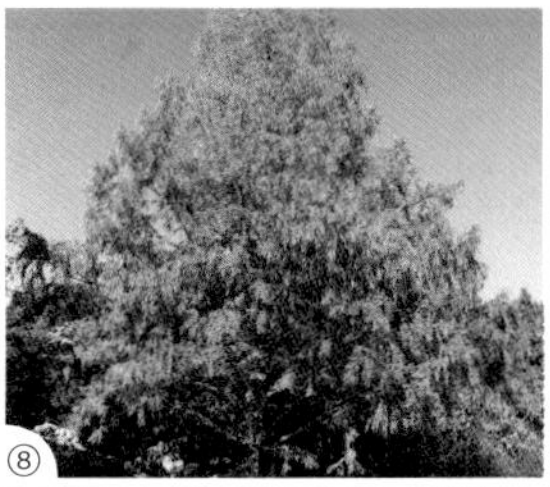
⑧

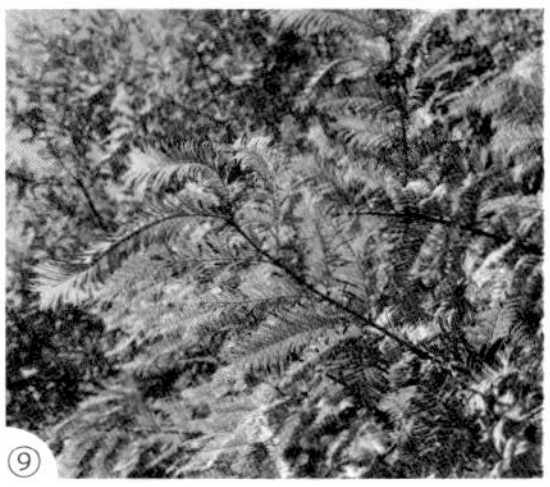
⑨

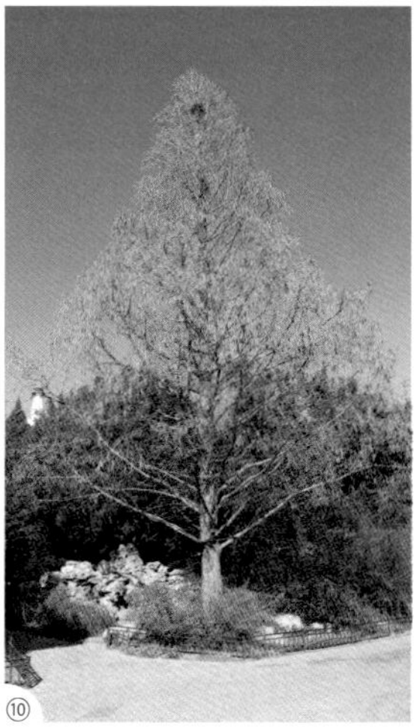
⑩

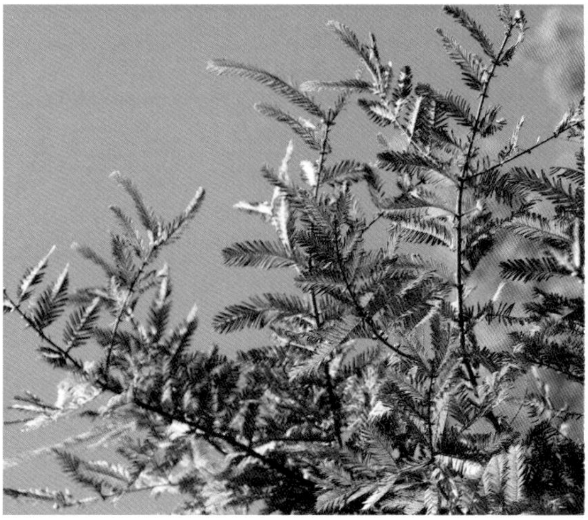

044

「秋焰」银红槭

Acer × freemanii 'Sienna Glen'

槭树科　槭属

☼

落叶乔木。原产美国东部，是北京园林绿化新引进的秋色叶新品种。园林中一般宜植于土壤湿润肥沃且排水良好之处。其叶形美丽，叶背灰白，叶片大而多裂；春叶嫩绿，有红梢；夏季叶中绿色；10月中下旬显秋色，秋色叶亮红色，鲜艳夺目。

① 03.26 芽开放期
② 03.26 芽开放期
③ 04.01 展叶始期
④ 04.01 展叶始期
⑤ 04.10 春色叶期
⑥ 04.10 春色叶期
⑦ 05.01 展叶盛期
⑧ 05.01 展叶盛期
⑨ 10.10 秋色始期
⑩ 10.21 秋色盛期
⑪ 10.21 秋色盛期
⑫ 11.01 落叶末期

①	03.01	芽开放期（雄株）	⑧	05.21	展叶盛期（雄株）
②	03.22	显花序期（雄株）	⑨	09.17	秋色始期（雄株）
③	04.08	显蕾期（雄株）	⑩	09.17	果实成熟期（雌株）
④	04.13	盛花期（雄株）	⑪	10.12	秋色显著期（雄株）
⑤	04.13	盛花期（雄株）	⑫	10.12	秋色显著期（雄株）
⑥	04.25	展叶始期（雄株）	⑬	10.23	秋色盛期（雄株）
⑦	04.25	展叶始期（雄株）	⑭	10.31	落叶末期（雄株）

045

黄连木

Pistacia chinensis

漆树科　黄连木属

落叶乔木，高达20余米，树皮裂成方块状。偶数羽状复叶互生，小叶披针形或卵状披针形，全缘，叶基歪斜。花单性异株，先花后叶；雌花序紫红色，腋生圆锥花序，排列疏松，长15~20cm，花小；雄花总状花序，排列紧密，长6~7cm；核果球形，熟时红色或紫黑色；喜光，适应性强，耐干旱瘠薄，对二氧化硫和烟的抗性较强，深根性，抗风力强，生长较慢，寿命长。北京地区4月上中旬开花，9月中下旬果实成熟，叶秋色期10月中下旬，秋叶变为橙黄或鲜红色，秋色景观可持续到深秋。枝密叶繁，宜作庭荫树、行道树及风景林树种。

046

栾树 *Koelreuteria paniculate*

无患子科 栾树属

落叶乔木，高达15～20m。一回至二回羽状复叶互生。小叶卵形或卵状椭圆形，有不规则粗齿或羽状深裂。顶生圆锥花序，花金黄色。蒴果三角状卵形。喜光，耐寒，耐旱，也耐低湿和盐碱地，深根性，萌芽力强，抗烟尘，病虫害少。北京地区花期5月下旬至6月中旬，果实成熟期10月中下旬，秋色期10月中旬至11月上旬。本种枝叶繁茂，夏季黄花满树，秋叶黄色，是理想的庭荫树及行道树种，亦可作风景林树种。

①	03.29	芽开放期
②	04.08	展叶始期
③	04.08	展叶始期
④	04.19	展叶盛期
⑤	05.16	显花序期
⑥	05.21	始花期
⑦	05.28-06.10	盛花期
⑧	05.28-06.10	盛花期
⑨	06.17	结果期
⑩	10.13	果实成熟期
⑪	10.23	秋色盛期
⑫	10.23	秋色盛期

①	03.25	芽开放期	⑦	04.15	展叶盛期，结果始期
②	03.30	始花期	⑧	04.26	果实发育中
③	03.30	始花期	⑨	10.16	秋色始期
④	04.05	盛花期，展叶始期	⑩	10.30	秋色盛期
⑤	04.05	盛花期，展叶始期	⑪	10.30	秋色盛期
⑥	04.15	展叶盛期，结果始期	⑫	11.14	落叶末期

047

元宝枫

Acer truncatum

槭树科　槭属

落叶小乔木，高达10m。单叶对生，掌状5裂，裂片全缘。顶生聚伞花序，花小而黄绿色，花叶同放。喜侧方庇荫，喜温凉气候，喜生于阴坡湿润山谷，对城市环境适应力强，深根性，抗风力强，生长速度中等，寿命较长。扁平翅果形似元宝。北京地区花期4月上旬，果期8月，秋色期10月下旬至11月上旬。其树形优美、叶形秀丽，秋叶变橙黄色或红色，春天可观淡黄色的花。宜作行道树、庭荫树及营造风景林。北京街道及园林中常见栽培。

‘丽红’元宝枫

Acer truncatum ‘Lihong’

‘丽红’元宝枫是我国育种专家培育的新型优良品种，其秋叶较原种更为红艳，秋色期长，北京地区一般10月下旬至11月中旬变色，可达1个月，是优秀的秋色观赏品种。

‘丽红’ 元宝枫

三、常年异色叶乔木

[紫色系]

紫叶稠李
紫　叶　李

[黄色系]

金叶复叶槭

[灰绿色系]

沙　　　枣

Trees with colorful leaves

048

紫叶稠李

Padus virginiana 'Canada Red'

蔷薇科　稠李属

①	03.15	芽开放期
②	03.28	展叶始期
③	03.28	展叶始期
④	04.07	显蕾期
⑤	04.12	盛花期
⑥	04.12	盛花期
⑦	04.24	叶色始变紫，结果始期
⑧	04.24	叶色始变紫，结果始期
⑨	05.17	叶色变紫
⑩	05.17	叶色变紫
⑪	06.21	果实成熟期
⑫	11.12	落叶末期

落叶小乔木。喜光，稍耐阴，耐寒性强，不耐干旱贫瘠。叶卵状长椭圆形，先端渐尖；花白色，芳香，有花梗，总状花序下垂，北京地区4月中下旬开放。果实于6月中下旬成熟。常年异色叶，4月上中旬叶色显绿，4月下旬始叶色渐紫，5月下旬至10月中旬叶色持续红紫色，10月下旬至11月上旬叶色明度及饱和度增加，显亮红色。可用于庭院栽植，或孤植、丛植于草坪。

①

②

③

④

⑤

⑥

⑦

⑧

⑨

⑩

⑪

⑫

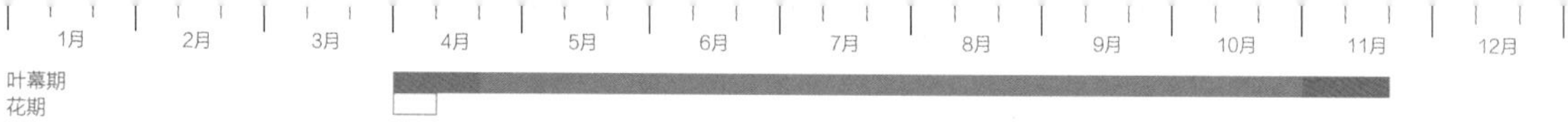

1月	2月	3月	4月	5月	6月	7月	8月	9月	10月	11月	12月

叶幕期
花期

049

紫叶李

Prunus cerasifera f. *atropurpurea*

蔷薇科　李属

落叶小乔木。单叶互生，叶卵形或卵状椭圆形，常年紫红色，春秋季叶色较夏季更为红亮。花小，白至淡粉色，单生，北京地区4月上旬叶前开花或与叶同放。果小，暗红色。喜光，耐旱，喜湿润肥沃土壤，不耐水湿。可列植、丛植于路旁。

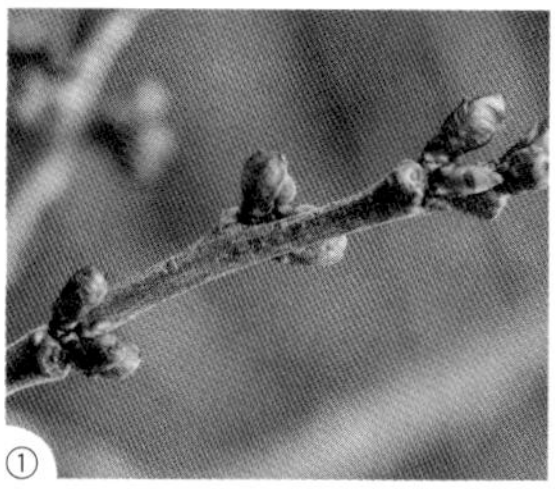

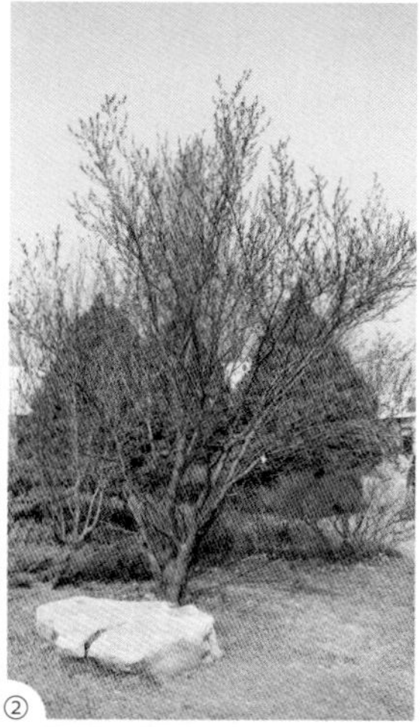

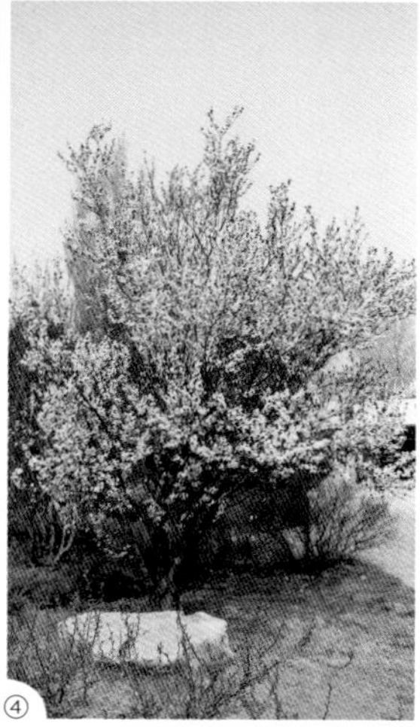

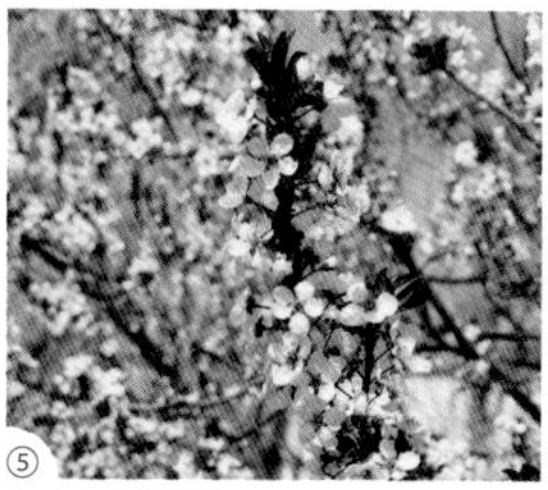

① 03.17 芽开放期
② 03.29 显蕾期
③ 03.29 显蕾期
④ 04.03 盛花期
⑤ 04.03 盛花期
⑥ 04.13 展叶盛期
⑦ 04.13 展叶盛期
⑧ 04.19 结果始期
⑨ 04.28 叶色显绿
⑩ 04.28 叶色显绿
⑪ 05.16 果实成熟期
⑫ 11.08 秋色期
⑬ 11.08 秋色期
⑭ 11.23 落叶末期

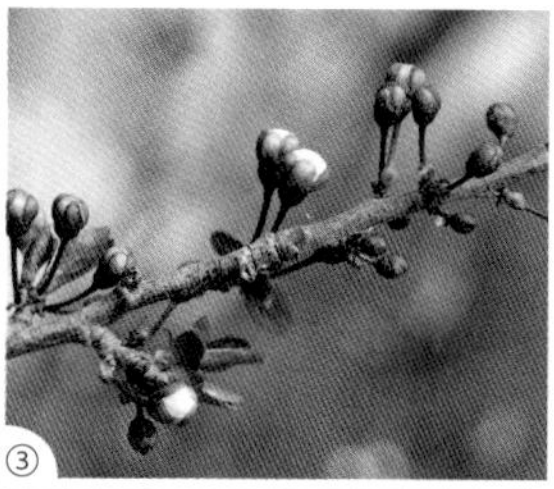

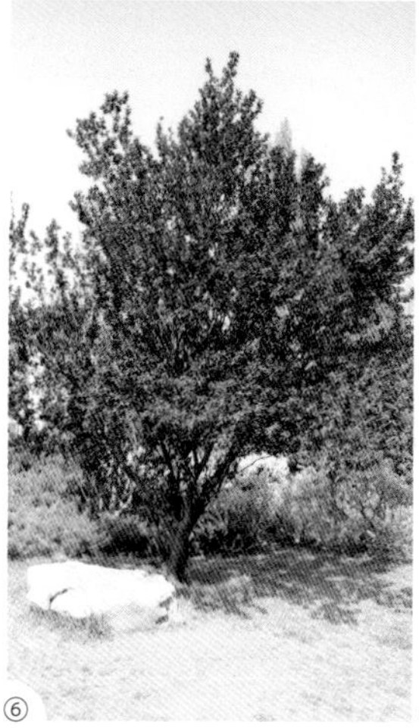

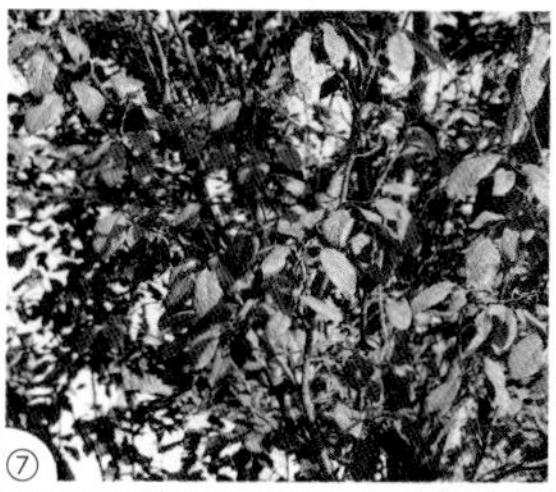

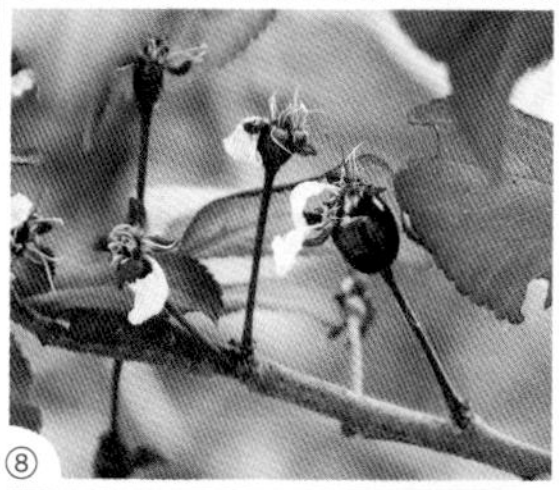

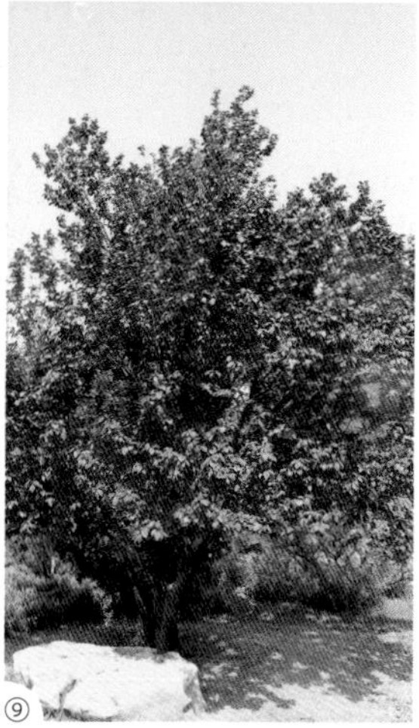

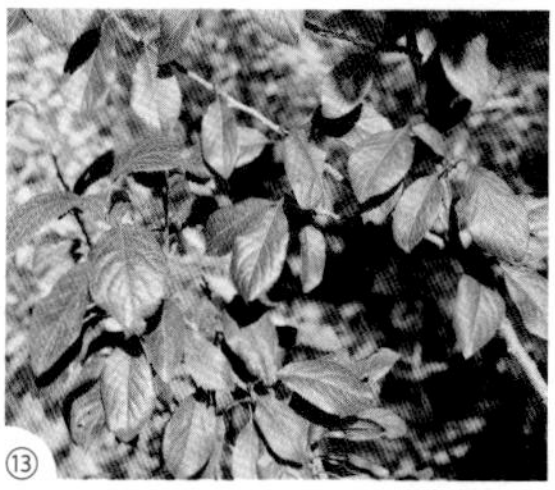

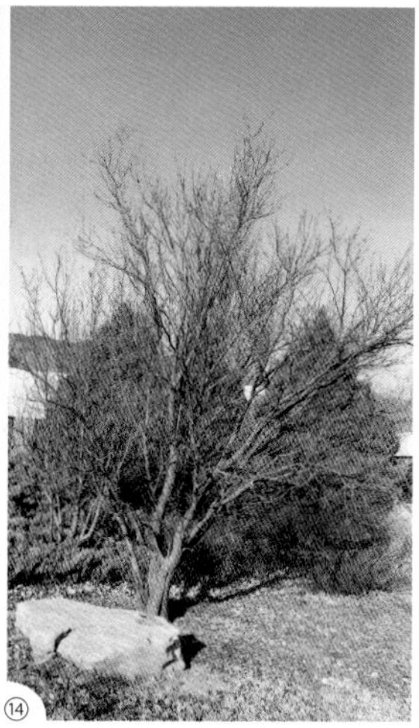

050

金叶复叶槭

Acer negundo 'Aurea'

槭树科 槭属

落叶乔木，高达20m。小枝光滑，常被白色蜡粉。羽状复叶对生，小叶3～5枚，卵形或椭圆状披针形；雄花的花序聚伞状，雌花的花序总状，常下垂，花小，黄绿色，无花瓣，开于叶前。喜光，喜冷凉气候，耐干冷，耐轻盐碱，耐烟尘；根萌芽性好，生长较快。其叶色明艳，春至夏初（4月上旬至6月上旬）叶片金黄，夏季（6月始）叶色渐变为黄绿色，秋季（10月中旬至11月中旬）叶色复金黄。北京地区花期3月下旬至4月上旬，叶前开放，是优良的蜜源树种。其树冠广阔，夏季遮阴条件好，可作庭荫树，同时也是优良的彩叶行道树和园林彩叶点缀树种。

①	03.06	芽开放期
②	03.17	显花序期
③、④	03.22	始花期
⑤、⑥	03.29	盛花期
⑦	04.13	展叶盛期
⑧	06.10	叶色变绿
⑨	10.12	秋色始期
⑩	10.23	秋色盛期
⑪	11.16	落叶末期

051

沙枣

Elaeagnus angustifolia

胡颓子科　胡颓子属

①	03.21	芽开放期
②	04.13	展叶始期
③	05.05	展叶盛期，　始花期
④	05.05	展叶盛期，　始花期
⑤	05.10	盛花期
⑥	05.21	结果始期
⑦	08.08	果实成熟期
⑧	11.08	秋色盛期
⑨	12.01	落叶末期

落叶乔木，高达7～12m；枝有时具刺，幼枝银白色。叶披针形或长椭圆形，长4～8cm，背面或两面银白色。花被外面银白色，里面黄色，芳香，1～3朵腋生；核果黄色，椭球形，果肉粉质，香甜可食。喜光，耐干冷气候；抗风沙，干旱、低湿及盐碱地都能生长；深根性，根系富有根瘤菌，萌芽力强，耐修剪，生长较快。北京地区5月上中旬开花。8月中下旬果实成熟。北方沙荒及盐碱地营造防护林及四旁绿化的重要树种；叶色银白，也可植于园林绿地观赏或作背景树。

①

②

③

④

⑤

⑥

⑦

⑧

⑨

四、观果乔木

杨 桃 荚

榆 柿

枫 胡 皂

Trees with ornamental fruits

052

榆 *Ulmus pumila*

榆科　榆属

落叶乔木，高达25m。小枝灰色，常排成二列鱼骨状。单叶互生，叶卵状长椭圆形，叶缘多为单锯齿，基部稍不对称。花小，无花瓣，花药紫红色；翅果近圆形，嫩绿，嫩果“榆钱”可食。性喜光，适应性强，耐寒，耐旱，耐盐碱，不耐低湿，根系发达，抗风力强，耐修剪，寿命较长，抗有毒气体。北京地区3月上中旬叶前开花；4月下旬果实成熟。宜作行道树、庭荫树、防护林及四旁绿化树种。在东北常栽作绿篱，老树桩可制作盆景。

①	02.15	芽开放期
②	03.10	盛花期
③	03.10	盛花期
④	03.28	结果始期
⑤	03.28	结果始期
⑥	04.07	展叶始期
⑦	04.07	展叶始期
⑧	04.18	果实成熟期
⑨	04.18	果实成熟期
⑩	05.04	展叶盛期
⑪	10.29	秋色始期
⑫	10.29	秋色始期
⑬	11.12	秋色盛期
⑭	11.12	秋色盛期
⑮	11.24	落叶末期

053

Pterocarya stenoptera 枫杨

胡桃科　枫杨属

☼ ❄ ≋

落叶乔木，高达30m，枝髓片状，裸芽有柄。羽状复叶互生，小叶10~16枚，长椭圆形，缘有细齿；叶轴上有狭翅。坚果具2长翅，成串下垂。喜光，适应性强，颇耐寒，耐低湿；深根性，侧根发达，生长较快，萌蘖性强。北京地区4月中旬开花，9月上旬果实成熟，秋色期10月下旬至11月上旬。常作行道树及固堤护岸树种，也可用作园林观赏树种。

① 03.29 芽开放期
② 04.03 展叶始期
③ 04.13 展叶盛期，盛花期
④ 04.25 结果始期
⑤ 09.06 果实成熟期
⑥ 10.28 秋色盛期
⑦ 11.03 落叶末期

054

胡桃 *Juglans regia*

胡桃科　胡桃属

落叶乔木，高达25~30m，树皮银灰色；小枝粗壮，近无毛。小叶5～9枚，通常全缘，侧脉11～15对。北京地区4月中旬开花。核果球形，成对或单生，果核有两条纵棱，6月下旬果实成熟。喜光，喜温凉气候，较耐干冷，不耐湿热，喜深厚、肥沃、湿润而排水良好的微酸性至弱碱性土壤，不耐盐碱；深根性，不耐移植，根际萌芽力强。冠大荫浓，宜作庭荫树及城乡绿化树种。

① 03.29 芽开放期
② 04.08 展叶始期，显花序期
③ 04.13 盛花期 （雄花序）
④ 04.25 展叶盛期，结果始期
⑤ 04.25 展叶盛期，结果始期
⑥ 06.21 果实成熟期
⑦ 09.17 秋色始期
⑧ 11.16 落叶末期

①	03.29	芽开放期
②	04.14	展叶始期
③	04.14	展叶始期
④	04.28	展叶盛期，显花序期
⑤	04.28	展叶盛期，显花序期
⑥	05.14	盛花期
⑦	05.24	结果始期
⑧	06.21	果实成熟中
⑨	09.17	果实成熟期
⑩	10.12	秋色盛期
⑪	10.12	秋色盛期
⑫	10.23	落叶末期

055

皂荚

Gleditsia sinensis

豆科 皂荚属

落叶乔木，高达30m；树干或大枝具分枝圆刺。一回羽状复叶，小叶3～7对，卵状椭圆形，先端钝，缘有细钝齿。总状花序黄绿色，北京地区5月上中旬开放。荚果直而扁平，较肥厚，长12～30cm，9月中旬果实成熟。喜光，较耐寒，喜深厚、湿润而肥沃的土壤，在石灰岩山地、石灰质土、微酸性及轻盐碱土上都能正常生长，抗污染；深根性，寿命长。树冠广阔，树形优美，叶密荫浓，是良好的庭荫树及四旁绿化树种。

①
③
②

④

⑤
⑥

⑦
⑧

⑨
⑩

⑪

⑫

1月 2月 3月 4月 5月 6月 7月 8月 9月 10月 11月 12月

叶幕期
花期
果实成熟期

056

柿 *Diospyros kaki*

柿科 柿属

落叶大乔木，高达15m。树冠球形或长圆球形，树皮方块状开裂。单叶互生，椭圆状倒卵形，全缘，革质。雄花成聚伞花序，雌花单生，花小，黄色。浆果扁球形，熟时橙黄色或橘红色。喜光，耐寒，耐干旱瘠薄，不耐水湿和盐碱，深根性，寿命长。北京地区花期5月中下旬；秋色期10月中旬至11月上旬，叶色红艳；果实10月中旬成熟，落叶后经冬不落，是优良的鸟类食源植物，亦是园林结合生产的优良树种。

① 03.27 芽开放期
② 04.06 展叶始期
③ 04.06 展叶始期
④ 04.23 展叶盛期
⑤ 05.02 显蕾期
⑥ 05.10 盛花期
⑦ 05.16 结果始期
⑧ 10.17 果实成熟期
⑨ 10.28 秋色盛期
⑩ 11.13 落叶末期

五、长叶幕期乔木

旱柳

毛白杨

Trees with long canopy duration

057

旱柳

Salix matsudana

杨柳科　柳属

落叶乔木，高达20m；小枝直立或斜展，黄绿色。叶披针形至狭披针形，缘具细腺齿。雌雄异株；喜光，耐寒。湿地、旱地皆能生长，但以湿润而排水良好的土壤上生长最好；根系发达，抗风力强，生长快，易繁殖，北京地区3月中下旬开花；4月下旬果实成熟，始飘飞絮，种子细小，具丝状毛。绿色期长达9个月，秋色期11月中旬至12月上旬；是北方城乡绿化的优良树种（多选择雄株），宜作护岸林、防风林及庭荫树、行道树。

旱柳（雌株）

① 03.03　芽开放期
② 03.13　始花期
③ 03.13　始花期
④ 03.19　盛花期
⑤ 03.19　盛花期
⑥ 04.02　结果始期
⑦ 04.11　展叶盛期
⑧ 04.23　果实成熟期　（飞絮始期）
⑨ 11.13　秋色始期
⑩ 11.18　秋色盛期
⑪ 12.11　落叶末期

①	02.14	显花序期	（雄株）	⑧	04.17	展叶盛期	（雄株）
②	03.11	盛花期	（雄株）	⑨	04.17	展叶盛期	（雄株）
③	03.11	盛花期	（雄株）	⑩	04.22	果实成熟期/飘絮期	（雌株）
④	04.01	叶芽开放期	（雄株）	⑪	10.29	秋色始期	（雄株）
⑤	04.01	叶芽开放期	（雄株）	⑫	10.29	秋色始期	（雄株）
⑥	04.06	展叶始期	（雄株）	⑬	12.12	落叶末期	（雄株）
⑦	04.06	展叶始期	（雄株）				

058

毛白杨

Populus tomentosa

杨柳科　杨属

乔木，高达30m，树干端直，树皮青白色，皮孔菱形；幼枝具灰白色毛。叶三角状卵形，缘有不整齐浅裂状齿，背面密被灰白色毛。雌雄异株，雄花序暗红色下垂，具观赏性，北京春季3月上中旬开花，4月下旬果实成熟始飘絮。喜光，喜温凉气候及肥沃深厚而排水良好的土壤，抗烟尘及有毒气体；深根性，根际萌蘖性强，生长快，寿命较长。宜作行道树、防护林及用材树种。

灌木

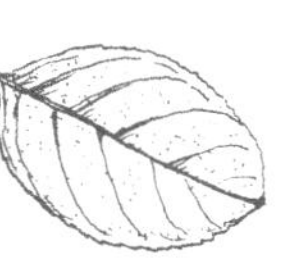

Shrubs

一、观花灌木

Flowering shrubs

[白色系]

郁香忍冬
毛樱桃
珍珠绣线菊
红蕾荚蒾
白丁香
白鹃梅
'白花重瓣'麦李
鸡麻
天目琼花
金银忍冬
欧洲雪球
六道木
麻叶绣线菊
三桠绣线菊
'重瓣白'玫瑰
太平花
接骨木
照山白
野蔷薇
华北珍珠梅
糯米条

[黄色系]

蜡梅
山茱萸
迎春
连翘
扁核木
锦鸡儿
重瓣棣棠
黄刺玫
阿穆尔小檗

[粉色系]

迎红杜鹃
香荚蒾
郁李
榆叶梅
重瓣榆叶梅
紫荆
紫丁香
什锦丁香
波斯丁香
牡丹
新疆忍冬
巧玲花
猬实
柽柳
薄皮木
木槿
紫薇
胡枝子
木香薷

[红色系]

贴梗海棠
（皱皮木瓜）
'红王子'锦带

[蓝紫色系]

荆条
穗花牡荆
大叶醉鱼草
金叶莸

12月 11月 10月 9月 8月 7月 6月 5月 4月 3月 2月 1月

叶幕期
花期
果实成熟期

059

Lonicera fragrantissima

忍冬科　忍冬属

郁香忍冬

①

②

③

④

⑤

⑥

⑦

⑧

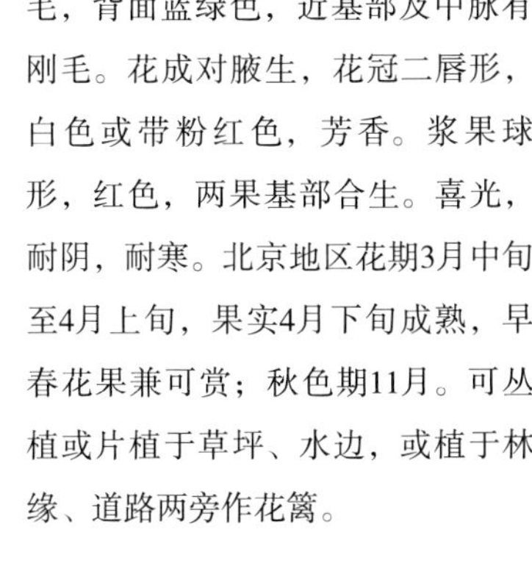

落叶灌木，高2～3m。单叶对生，卵状椭圆形至卵状披针形，表面无毛，背面蓝绿色，近基部及中脉有刚毛。花成对腋生，花冠二唇形，白色或带粉红色，芳香。浆果球形，红色，两果基部合生。喜光，耐阴，耐寒。北京地区花期3月中旬至4月上旬，果实4月下旬成熟，早春花果兼可赏；秋色期11月。可丛植或片植于草坪、水边，或植于林缘、道路两旁作花篱。

①	02.21	芽开放期	⑦	04.03	展叶始期
②	03.11	始花期	⑧	04.13	展叶盛期，结果始期
③	03.11	始花期	⑨	04.13	展叶盛期，结果始期
④	03.29	盛花期	⑩	04.25	果实成熟期
⑤	03.29	盛花期	⑪	11.08	秋色盛期
⑥	04.03	展叶始期	⑫	12.01	落叶末期

⑨ ⑩

⑪ ⑫

1月 2月 3月 4月 5月 6月 7月 8月 9月 10月 11月 12月

叶幕期
花期
果实成熟期

060

毛樱桃

Cerasus tomentosa

蔷薇科　樱属

落叶灌木。树皮薄片状反转。叶椭圆形或倒卵形，缘有齿，两面具毛。花白色或略粉。性喜光，稍耐阴，性强健，耐寒性强，耐干旱贫瘠，根系发达。北京地区春季3月中下旬花叶同放；5月中下旬果实成熟，红艳可赏、可食用；秋色期11月上中旬。可用于庭院观赏，或栽植于路边、道路转角处。

①	02.19	芽开放期	⑦	04.06	展叶盛期
②	03.13	显蕾期	⑧	04.06	展叶盛期
③	03.19	始花期	⑨	04.11	结果始期
④	03.19	始花期	⑩	05.16	果实成熟期
⑤	03.23	盛花期	⑪	11.13	秋色盛期
⑥	03.23	盛花期	⑫	11.24	落叶末期

061

珍珠绣线菊

Spiraea thunbergii

蔷薇科　绣线菊属

① 02.20 花芽开放期	⑧ 04.18 展叶盛期，结果始期
② 03.05 显幼叶期	⑨ 04.29 果实成熟期
③ 03.05 显幼叶期	⑩ 10.13 秋色始期
④ 03.15 始花期	⑪ 10.13 秋色始期
⑤ 04.02 盛花期	⑫ 11.12 秋色盛期
⑥ 04.02 盛花期	⑬ 11.12 秋色盛期
⑦ 04.18 展叶盛期，结果始期	⑭ 12.02 落叶末期

落叶丛生灌木，高达1.5m，枝开展拱曲。单叶互生，叶细小，狭长披针形，中部以上有细锯齿。花小，白色，伞形花序。喜光，喜湿润且排水良好的土壤，较耐寒，抗污染。北京地区3月中旬至4月中旬花叶同放，花前花蕾如珍珠，花期若喷雪。秋色叶橘红色，秋色期11月。观花灌木，可丛植于草坪、庭院。

1月	2月	3月	4月	5月	6月	7月	8月	9月	10月	11月	12月

叶幕期
花期
果实成熟期

062

红蕾荚蒾

Viburnum carlesii

忍冬科　荚蒾属

落叶灌木，高达2m，直立，生长缓慢，喜光，略耐阴，耐寒。小枝棕褐色，被短柔毛。单叶对生，宽椭圆形至卵形，质厚，叶柄短，叶表灰蓝绿色，叶背白绿色。半球形聚伞花序，花蕾亮红色，开放后花冠淡粉色至白色，芳香；北京地区花期3月下旬至4月中旬，是优良的观花灌木。果实10月中下旬成熟，浆果红色，成熟时蓝黑色。红蕾荚蒾又是秋色叶树种，秋季叶色变暗红色，秋色期11～12月。宜丛植或片植于草坪及空旷地，或植于林缘、道路两旁、入口处作花篱。

① 03.16 芽开放期
② 03.29 展叶始期，显蕾期
③ 04.03 始花期
④ 04.08 盛花期
⑤ 04.08 盛花期
⑥ 04.19 展叶盛期，结果始期
⑦ 04.19 展叶盛期，结果始期
⑧ 10.12 果实成熟期
⑨ 11.17 秋色盛期
⑩ 11.17 秋色盛期
⑪ 12.18 落叶末期

063

白丁香

Syringa oblata var. *alba*

木犀科　丁香属

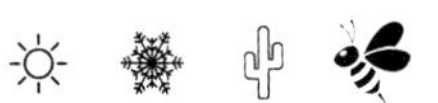

① 03.11 芽开放期
② 03.29 展叶始期，显花序期
③ 04.08 盛花期
④ 04.08 盛花期
⑤ 04.20 展叶盛期，结果期
⑥ 04.20 展叶盛期，结果期
⑦ 08.26 果实成熟期
⑧ 11.01 秋色盛期
⑨ 11.08 落叶末期

落叶灌木，高达4～5m。小枝较粗壮，无毛。叶较小，单叶对生，广卵形，全缘。密集圆锥花序，花冠白色，花冠筒细长，裂片开展。蒴果长卵形，光滑。喜光，稍耐阴，耐寒，耐旱，忌低湿。北京地区花期4月上中旬，是优良的春季观花灌木，有色有香；8月下旬果实成熟。宜丛植或片植于林缘、草地，或列植于路缘。

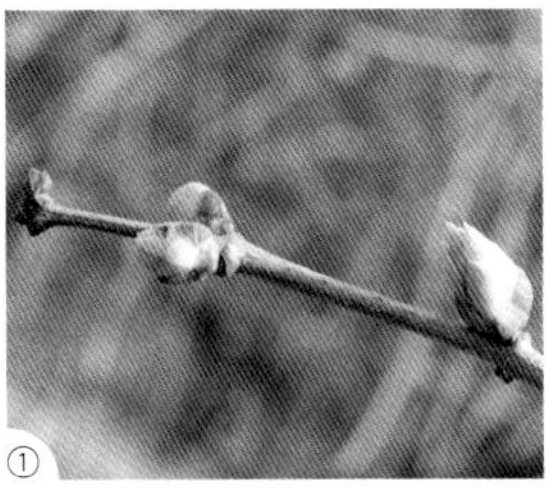

① 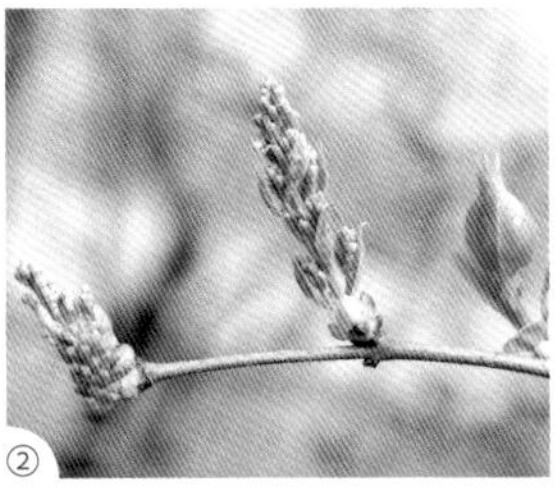　② 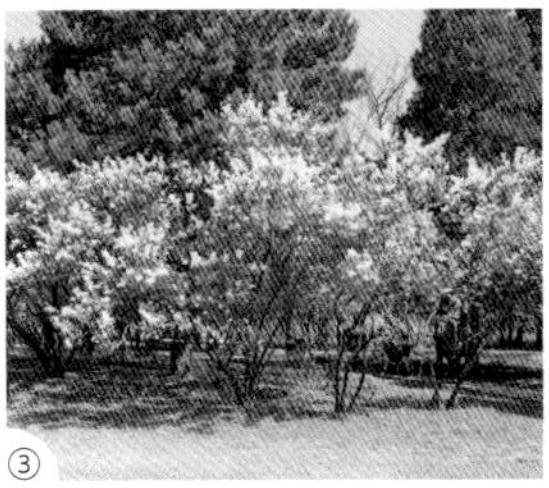　③　⑤　④　⑥ 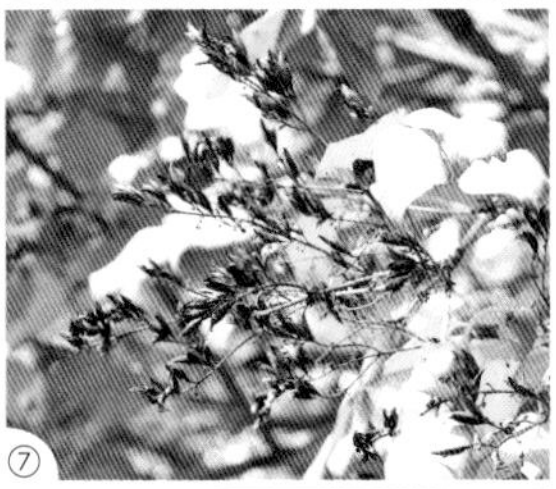　⑦ 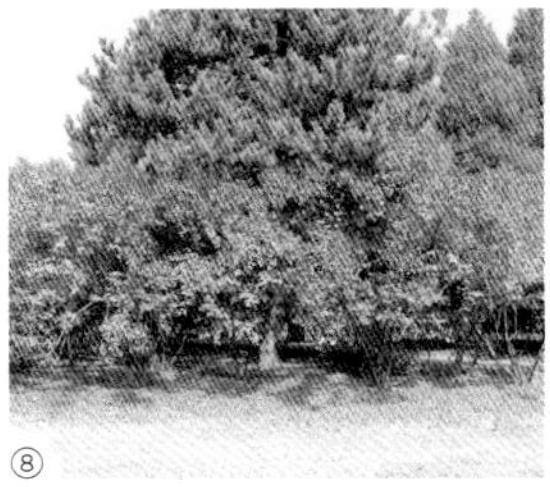　⑧ 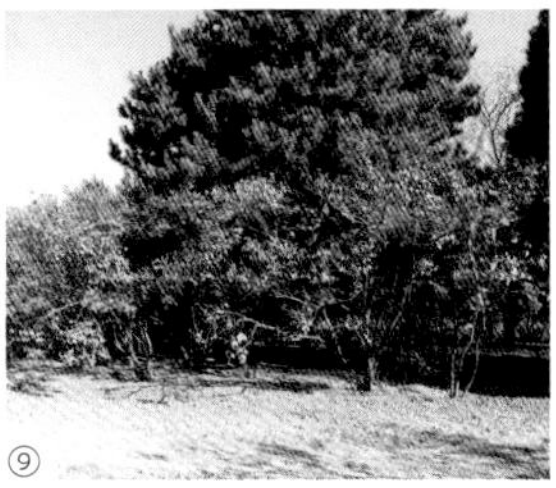　⑨

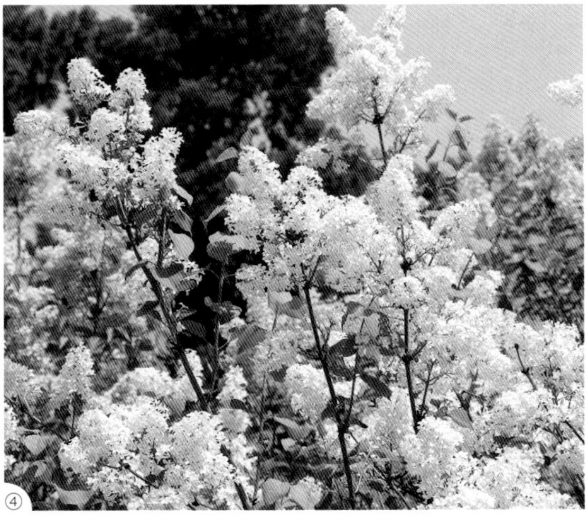

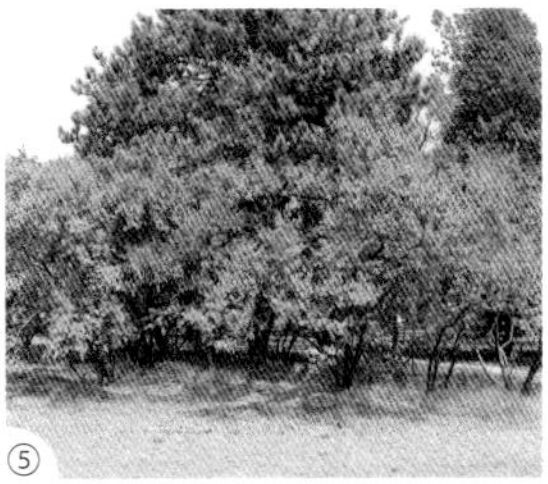

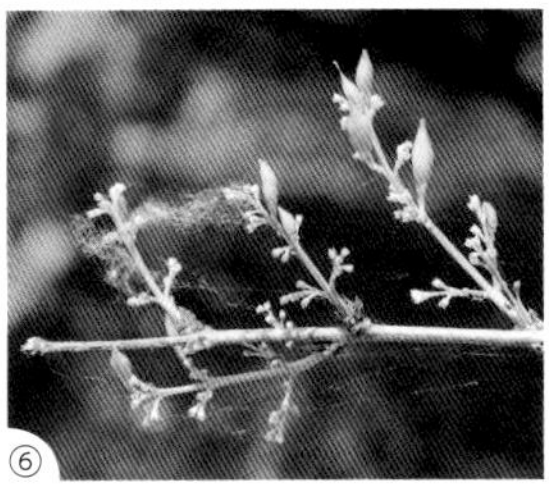

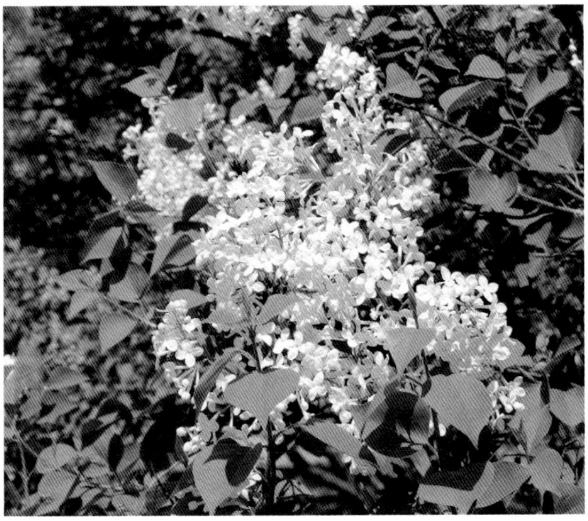

064

白鹃梅

Exochorda racemose

蔷薇科　白鹃梅属

灌木，高达3～5m。全株无毛。叶椭圆形或倒卵状椭圆形，全缘或上部有疏齿，先端钝或具短尖，背面粉蓝色。花白色，6～10朵成总状花序；花萼浅钟状，裂片宽三角形，花瓣倒卵形，基部有短爪。蒴果倒卵形。性强健，喜光，耐半阴，耐寒性强，喜深厚肥沃土壤。北京地区花期4月上中旬；8月上旬果实成熟；秋色叶金黄，秋色期10月下旬至11月中旬；是优良的观花树种，宜作基础栽植，或于草地边缘、林缘路边丛植。

① 03.01 芽开放期
② 03.22 展叶始期， 显花序期
③ 03.29 显蕾期
④ 04.13 盛花期
⑤ 04.13 盛花期
⑥ 04.18 展叶盛期
⑦ 04.18 展叶盛期
⑧ 04.25 结果始期
⑨ 08.08 果实成熟期
⑩ 10.23 秋色盛期
⑪ 10.23 秋色盛期
⑫ 11.17 落叶末期

① 03.01 芽开放期
② 03.22 显蕾期
③ 04.03 始花期
④ 04.19 盛花期
⑤ 05.05 展叶盛期
⑥ 10.27 秋色盛期
⑦ 11.08 落叶末期

065

「白花重瓣」麦李

Cerasus glandulosa 'Albo-plena'

蔷薇科 樱属

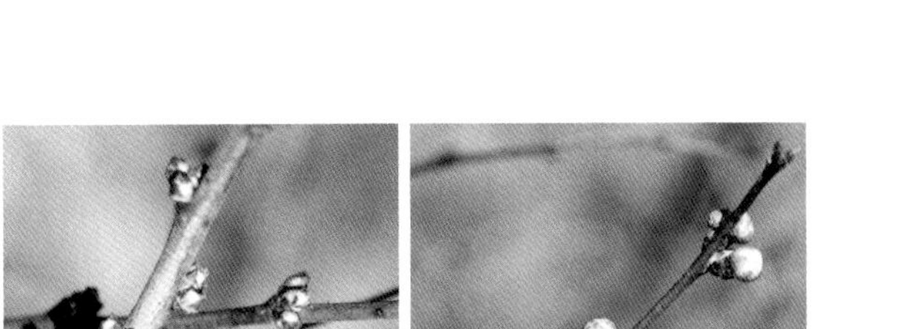

落叶灌木。叶卵状长椭圆形，缘有不整齐细钝齿。花大，重瓣，白色，北京春季4月初叶前开花，花期可至5月上旬；果红色，10月下旬至11月上旬成熟；秋色叶。喜光，适应性强，有一定耐寒性，北京可露地栽培越冬。宜于庭院栽植。

1月	2月	3月	4月	5月	6月	7月	8月	9月	10月	11月	12月

叶幕期
花期
果实成熟期

066

鸡麻

Rhodotypos scandens

蔷薇科　鸡麻属

落叶灌木。单叶对生，叶卵状椭圆形，缘有齿，叶背有毛。花单生侧枝端，白色，花萼、花瓣4基数；喜光，耐寒，耐旱。北京地区4月中下旬开花；果实6～7月渐紫红，8月上旬成熟变黑，冬季宿存枝端。可庭院观赏，或栽植于草坪边缘、建筑物前。

① 03.01 芽开放期
② 03.29 展叶始期
③ 03.29 展叶始期，显蕾期
④ 04.13 盛花期
⑤ 04.13 盛花期
⑥ 04.30 展叶盛期，结果始期
⑦ 04.30 展叶盛期，结果始期
⑧ 08.08 果实成熟期
⑨ 10.23 秋色始期
⑩ 11.08 秋色盛期
⑪ 12.01 落叶末期

067

天目琼花

Viburnum opulus var. *calvescens*

忍冬科　荚蒾属

落叶灌木，高达3～4m。树皮暗灰色，浅纵裂，小枝具明显皮孔。单叶对生，卵圆形，常3裂，叶缘有不规则大齿。聚伞花序组成伞形复花序，有白色大型不孕花，花药紫色。浆果状核果近球形，红色。喜光又耐阴，耐寒，耐旱，对土壤要求不严，微酸及中性土都能生长。北京地区4月中下旬开花；果期8月下旬成熟并有部分冬季宿存，果实既具观赏性，也是优良的鸟类食源；秋色叶红艳，秋色期10月中旬至11月中旬；花、果、叶皆可赏。宜丛植或片植于草坪、林缘及建筑物北面。

①	03.11	芽开放期	⑨	05.05	结果始期
②	04.01	展叶始期	⑩	08.26	果实成熟期
③	04.03	显花序期	⑪	08.26	果实成熟期
④	04.08	展叶盛期，显蕾期	⑫	10.12	秋色显著期
⑤	04.08	展叶盛期，显蕾期	⑬	10.12	秋色显著期
⑥	04.25	盛花期	⑭	11.08	秋色盛期
⑦	04.25	盛花期	⑮	11.08	秋色盛期
⑧	05.05	结果始期	⑯	11.23	落叶末期

068

金银忍冬

Lonicera maackii

忍冬科　忍冬属

落叶灌木或小乔木，高可达6m。单叶对生，卵状椭圆形或卵状披针形，两面疏生柔毛。花成对腋生，花冠二唇形，白色，后变黄色。浆果熟时红色。性强健，喜光，耐半阴，耐寒，耐旱。北京地区花期4月中旬至5月上旬，果实成熟期9月上中旬，是优良的春花秋实观花赏果灌木。可孤植于庭院作庭荫树，或丛植于林缘、草坪、水边。

编号	日期	物候期	编号	日期	物候期
①	03.15	芽开放期	⑧	04.29	盛花期
②	03.28	展叶始期	⑨	05.17	结果始期
③	04.12	展叶盛期	⑩	09.06	果实成熟期
④	04.12	展叶盛期	⑪	11.08	秋色盛期
⑤	04.24	始花期	⑫	11.08	秋色盛期
⑥	04.24	始花期	⑬	11.23	落叶末期
⑦	04.29	盛花期			

①  ②  ③  ④  ⑤  ⑥  ⑦  ⑧  ⑨  ⑩  ⑪  ⑬   ⑫

069

欧洲雪球

Viburnum opulus ‘Roseum’

忍冬科　荚蒾属

① 03.23 芽开放期
② 04.02 展叶始期，显花序期
③ 04.02 展叶始期，显花序期
④ 04.14 显蕾期
⑤ 04.18 始花期
⑥ 04.18 始花期
⑦ 04.29 盛花期
⑧ 04.29 盛花期
⑨ 05.17 展叶盛期
⑩ 11.18 落叶末期

落叶灌木，高达4m。树皮薄，枝浅灰色，光滑。单叶对生，近圆形，3或5裂，缘有不规则粗齿。性喜光，耐寒，喜湿润肥沃土壤。聚伞花序全为白色大型不育花，绣球形，北京地区4月下旬至5月中旬开花，花时繁茂。适于庭院、角隅群植，也可在树丛、林缘作花篱、花丛配植。

1月	2月	3月	4月	5月	6月	7月	8月	9月	10月	11月	12月

叶幕期
花期

070

六道木

Abelia biflora

忍冬科　六道木属

落叶灌木，高达3m。茎枝有明显的6纵槽。单叶对生，长椭圆形至披针形，叶缘常疏生粗齿，两面有柔毛。花成对着生于侧枝端，花冠筒状，端4裂，白至淡黄色，萼片4枚，花后增大并宿存，淡粉色。瘦果，常弯曲。性耐阴，耐寒，喜湿润，生长缓慢。北京地区4月下旬开花，花与花萼均有观赏价值。可配植在林下、石隙及岩石园，也可栽植于建筑背阴面。

① 03.01 芽开放期
② 04.01 展叶始期
③ 04.01 展叶始期
④ 04.08 展叶盛期，显蕾期
⑤ 04.08 展叶盛期，显蕾期
⑥ 04.19 盛花期
⑦ 04.19 盛花期
⑧ 04.25 结果期
⑨ 11.06 秋色盛期
⑩ 11.06 秋色盛期
⑪ 11.17 落叶末期

071

麻叶绣线菊

Spiraea cantoniensis

蔷薇科　绣线菊属

灌木，高达1.5m，小枝细长，拱形，平滑无毛。叶菱状长椭圆形至菱状披针形，有深切裂锯齿，两面光滑，表面暗绿色，背面青蓝色。花白色，伞形总状花序。生长健壮，喜阳光和温暖湿润土壤，尚耐寒。北京地区花期4月下旬至5月上旬；果期7～9月。晚春白花繁密似雪，秋叶呈橙黄色，是优良的园林观花树种，可丛植于池畔、山坡、路旁、崖旁。普通多作基础种植用，或用于草坪角隅。

① 03.16 芽开放期
② 03.25 展叶始期
③ 04.11 展叶盛期，显蕾期
④ 04.11 展叶盛期，显蕾期
⑤ 04.22 始花期
⑥ 04.27 盛花期
⑦ 04.27 盛花期
⑧ 12.02 秋色盛期

072

三桠绣线菊

Spiraea trilobata

蔷薇科　绣线菊属

高达2m；小枝细而开展，稍呈“之”字形曲折，无毛。叶近圆形，长1.5～3cm，先端钝，常3裂，中部以上具少数圆钝齿，基部近圆形，基脉3～5出，两面无毛。花小而白色，密集伞形总状花序。稍耐阴，耐寒亦耐旱，栽培容易。北京地区4月下旬至5月上旬开花。植于路边、屋旁或岩石园都非常适宜。

① 03.16 芽开放期
② 03.27 展叶始期
③ 04.05 显花序期
④ 04.21 显蕾期
⑤ 05.02 盛花期
⑥ 10.30 秋色盛期

073

「重瓣白」玫瑰

Rosa rugosa var. *albo-plena*

蔷薇科　蔷薇属

① 03.05 芽开放期
② 03.31 展叶始期
③ 03.31 展叶始期
④ 04.23 展叶盛期，始花期
⑤ 05.02 盛花期
⑥ 05.02 盛花期
⑦ 06.18 二次开花
⑧ 11.13 秋色盛期
⑨ 12.02 落叶末期

落叶丛生灌木，高达2m。枝密生细刺、刚毛及绒毛。奇数羽状复叶互生，小叶5～9枚，缘有钝锯齿，叶皱而有光泽。花白色，重瓣，单生或数朵聚生。果扁球形，砖红色，可食可赏。性喜光，耐寒，不耐阴，耐寒，不耐积水，喜肥沃土壤。其花期甚长，可由春至秋初；北京地区花期4月下旬至10月下旬。可用于专类园、庭院栽植，也可用作花篱或丛植于草坪。

074

太平花

Philadelphus pekinensis

虎耳草科　山梅花属

丛生灌木，高达3m，树皮易剥落；幼枝无毛，常带紫色。叶卵状椭圆形，缘有疏齿，两面无毛或仅背面脉腋有簇毛；叶柄常带浅紫色。花乳白色，有香气；花萼苍黄绿色，有时带紫色；5～7(9)朵成总状花序。喜光，耐寒，怕涝。北京地区5月上中旬开花，花朵美丽，适宜栽作花篱或丛植于草坪、林缘。

① 03.12 芽开放期
② 03.25 展叶始期
③ 04.10 展叶盛期，显蕾期
④ 04.10 展叶盛期，显蕾期
⑤ 05.15 盛花期
⑥ 05.15 盛花期
⑦ 10.13 果实成熟期，秋色始期
⑧ 10.13 果实成熟期，秋色始期
⑨ 10.25 秋色盛期
⑩ 10.25 秋色盛期
⑪ 11.15 落叶末期

075

接骨木

Sambucus williamsii

忍冬科　接骨木属

落叶灌木或小乔木，高4～8m。小枝密生皮孔，髓心淡黄棕色。奇数羽状复叶对生，小叶5～11枚，卵形至长椭圆状披针形，缘具锯齿，通常无毛，叶揉碎后有臭味。顶生圆锥花序，花小，白色。浆果状核果，红色，成熟后蓝紫黑色。性强健，喜光，耐寒，耐旱，萌蘖性强。北京地区花期5月上旬至5月下旬，8月上中旬果实成熟，春季观白花，夏秋观红果，是良好的观花赏果灌木。宜丛植于草坪、林缘或水边，亦可用于城市、工厂的防护林带。

①	03.06	芽开放期
②	04.03	展叶始期
③	04.19	展叶盛期，显花序期
④	04.19	展叶盛期，显花序期
⑤	05.05	始花期
⑥	05.15	盛花期
⑦	05.15	盛花期
⑧	06.08	结果始期
⑨	08.10	果实成熟期
⑩	10.12	秋色始期
⑪	11.08	秋色盛期
⑫	11.08	秋色盛期
⑬	11.23	落叶末期

076

照山白

Rhododendron micranthum

杜鹃花科　杜鹃属

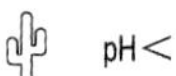
pH＜7

半常绿灌木，株高1～2m。茎灰棕褐色，小枝细，具短毛及腺鳞。叶集生枝顶，厚革质，倒披针形，两面具腺鳞，背面尤多，边缘略反卷。花多朵成顶生伞形总状花序，花小，花冠钟状，乳白色，花柱与花萼宿存。蒴果，柱状。性耐寒，耐旱，耐阴，喜酸性土壤。北京地区5月上旬至下旬开花，夏季观花灌木；果期6～8月；绿期长，11月上中旬亦有秋色可赏。可片植或丛植于路旁、岩石旁，或于林下作观花地被。

① 03.29 展叶始期
② 03.29 展叶始期
③ 04.13 展叶盛期
④ 04.13 展叶盛期
⑤ 04.25 花芽开放期
⑥ 04.30 显花序期
⑦ 05.05 始花期
⑧ 05.05 始花期
⑨ 05.21 盛花期
⑩ 05.21 盛花期
⑪ 06.02 结果始期
⑫ 11.08 秋色盛期
⑬ 11.08 秋色盛期
⑭ 11.17 果实成熟期
⑮ 11.23 落叶末期

①	02.26	芽开放期	⑧	05.13	盛花期
②	02.26	芽开放期	⑨	08.29	秋色始期
③	03.21	展叶始期	⑩	08.29	秋色始期
④	03.21	展叶始期	⑪	10.13	果实成熟期
⑤	04.07	展叶盛期	⑫	10.13	果实成熟期
⑥	04.07	展叶盛期	⑬	11.29	落叶末期
⑦	05.13	盛花期			

077

野蔷薇

Rosa multiflora

蔷薇科　蔷薇属

落叶灌木，高达3m。枝细长，具皮刺。奇数羽状复叶互生，小叶5～7枚，缘有齿。花白色，芳香，多朵密集成圆锥状伞房花序。瘦果生于肉质坛状花托内，果近球形，红褐色。性强健，喜光，耐寒，耐旱，耐水湿，对土壤要求不严。北京地区花期集中于5月。可用作花篱。

①

②

③

④

⑤

⑥

⑦

⑧

⑨

⑩

⑪

⑫

⑬

1月 2月 3月 4月 5月 6月 7月 8月 9月 10月 11月 12月

叶幕期
花期

078

华北珍珠梅

Sorbaria kirilowii

蔷薇科　珍珠梅属

①	02.18	芽开放期	⑥	05.26	盛花期
②	03.31	展叶始期	⑦	10.30	秋色始期
③	03.31	展叶始期	⑧	10.30	秋色始期
④	04.16	展叶盛期	⑨	11.14	秋色盛期
⑤	05.26	盛花期	⑩	11.25	落叶末期

落叶灌木，高达3m。奇数羽状复叶互生，边缘尖锐重锯齿。顶生圆锥花序，花小，白色，花蕾如珍珠。蓇葖果长圆柱形。性耐阴，耐寒，萌蘖性强。北京地区5月中旬起可多次开花，花期可至8月上旬；果期9~10月；11月秋色可赏。可作为自然式绿篱丛植于路边、建筑北侧等，亦可丛植。

079

糯米条

Abelia chinensis

忍冬科　六道木属

①	03.01	芽开放期
②	03.22	展叶始期
③	03.22	展叶始期
④	04.19	展叶盛期
⑤	07.20	盛花期
⑥	07.20	盛花期
⑦	10.12	末花期
⑧	10.12	末花期
⑨	10.21	秋色始期
⑩	11.22	秋色盛期
⑪	12.15	落叶末期

落叶灌木，高达1.5～2m。小枝开展，有毛，幼枝及叶柄带红色。单叶对生，卵形，叶缘疏生浅齿，北面脉上有白柔毛。密集聚伞花序在枝梢复成圆锥状，花冠漏斗状，白色或粉红色，芳香，萼片5枚，粉红色。性喜光，耐阴，喜温暖湿润，耐寒性较差，有一定的耐旱、耐瘠薄能力。北京地区花期7月中旬至10月上旬，花期长，且花后宿存的萼片变红，可延长观赏期，是良好的夏秋季芳香观花灌木。可丛植于草坪、角隅、路边、假山旁，也可作花篱、花境使用。

080

蜡梅

Chimonanthus praecox

蜡梅科　蜡梅属

落叶灌木，高达3m。叶对生，近革质，椭圆状卵形至卵状披针形，全缘，半革质而较粗糙。花单朵腋生，花被片蜡质黄色，内部有紫色条纹，具浓香，远于叶前（冬季至早春）开放；果实5～6月成熟，瘦果种子状，为坛状果托所包。喜光，耐干旱，忌水湿，喜深厚而排水良好的土壤，在黏土及盐碱地上生长不良，有一定的耐寒性，北京在良好小气候环境下可露地越冬；耐修剪，发枝力强。北京花期集中于2月中旬至3月中旬。本种开花早，且具浓香，为冬季最好的香花观赏树种，又是瓶插佳品。

①	02.13	始花期	⑦	04.16	展叶盛期
②	02.18	盛花期	⑧	04.27	果实始变色
③	03.18	叶芽开放期	⑨	06.18	果实成熟期
④	03.31	展叶始期	⑩	12.02	秋色盛期
⑤	04.05	结果始期	⑪	12.02	秋色盛期
⑥	04.16	展叶盛期	⑫	12.11	落叶末期

081

山茱萸

Cornus officinalis

山茱萸科　山茱萸属

落叶乔木或灌木，高4～10m。叶对生，卵状披针形或卵状椭圆形，全缘，弧形侧脉6～7对。伞形头状花序，花小，鲜黄色，先叶开放，花萼无毛。核果长椭圆形，红色至紫红色。性强健，喜光，耐寒，喜肥沃而湿度适中的土壤，也能耐旱。北京地区花期3月中下旬，果实成熟期8月下旬至9月上旬，11月上中旬秋色叶红艳可赏。早春枝头开金黄色的小花，入秋有亮红色的果实，深秋叶色鲜艳，均美丽可观。宜植于庭院观赏，或作盆栽、盆景材料。

① 02.18 芽开放期
② 03.01 显蕾期
③ 03.12 始花期
④ 03.12 始花期
⑤ 03.18 盛花期
⑥ 03.18 盛花期
⑦ 04.05 展叶始期
⑧ 04.05 展叶始期
⑨ 05.02 结果始期
⑩ 05.02 结果始期
⑪ 09.06 果实成熟期
⑫ 10.30 秋色始期
⑬ 11.14 秋色盛期
⑭ 11.25 落叶末期

082

迎春

Jasminum nudiflorum

木犀科　素馨属

落叶灌木，高达2～3m。小枝细长拱形，绿色，4棱。三出复叶对生；小叶卵状椭圆形，表面有基部突起的短刺毛。花单生，黄色，花冠通常6裂。喜光，稍耐阴，较耐寒，也耐干旱。北京地区3月中下旬叶前开花，花色明艳，宜丛植或片植于池畔、路旁、山坡或岩石园，也可作花篱、观花地被。

①	02.16	芽开放期	⑦	04.19	展叶盛期
②	03.10	显蕾期	⑧	04.19	展叶盛期
③	03.15	始花期	⑨	09.06	秋色始期
④	03.20	盛花期	⑩	11.06	秋色盛期
⑤	03.20	盛花期	⑪	11.06	秋色盛期
⑥	03.25	展叶始期	⑫	12.01	落叶末期

083

连翘

Forsythia suspensa

木犀科 连翘属

①	03.08	芽开放期	⑥	04.02	展叶始期
②	03.15	显蕾期	⑦	04.24	展叶盛期
③	03.21	始花期	⑧	10.29	秋色盛期
④	03.28	盛花期	⑨	10.29	秋色盛期
⑤	03.28	盛花期	⑩	11.18	落叶末期

落叶灌木，枝拱形下垂，小枝黄褐色，髓中空。单叶，卵形或卵状椭圆形，叶缘有齿，有少数的叶三裂或裂成三小叶状。早春观花灌木，花亮黄色，4深裂，单生或簇生。性喜光，较耐阴，耐寒，耐干旱瘠薄，怕涝，不择土壤，抗病虫害能力强。北京地区3月下旬至4月下旬叶前开放，10月下旬至11月中旬显秋色，秋色叶由黄变红。宜丛植于草坪、角隅、岩石、假山下，或作基础栽植、花篱用。

084

扁核木

Prinsepia utilis

蔷薇科　扁核木属

落叶灌木，高可达3m。枝刺粗长，刺上生叶。叶互生，长圆形或卵状披针形。花白或黄色，成少花的总状花序。核果长圆形或倒卵长圆形，红紫色，基部有膨大的萼片宿存。喜光，耐寒，深根性，耐干旱瘠薄，忌水湿，在深厚肥沃的土壤上生长较好。北京地区花期4月上中旬，7月上旬果实成熟。花时美丽，是良好的观赏灌木，宜栽于庭院观赏。

①	02.16	芽开放期
②	03.12	展叶始期
③	03.22	显蕾期
④	03.22	显蕾期
⑤	03.29	始花期，展叶盛期
⑥	03.29	始花期，展叶盛期
⑦	04.03	盛花期
⑧	04.03	盛花期
⑨	04.19	结果始期
⑩	07.10	果实成熟期
⑪	10.12	秋色盛期
⑫	10.23	落叶末期

085

锦鸡儿

Caragana sinica

豆科　锦鸡儿属

①	03.03	芽开放期	⑥	04.20	结果始期
②	04.01	展叶始期，显蕾期	⑦	05.21	果实成熟期
③	04.01	展叶始期，显蕾期	⑧	10.28	秋色盛期
④	04.11	展叶盛期，盛花期	⑨	10.28	秋色盛期
⑤	04.11	展叶盛期，盛花期	⑩	11.25	落叶末期

落叶丛生灌木，高达2m；小枝有角棱，长枝上的托叶及叶轴硬化成针刺。偶数羽状复叶互生，小叶4枚，长倒卵形。花单生，橙黄色。性喜光，喜温暖，耐干旱。北京地区4月上中旬开花，作观花刺篱、盆景及岩石园材料。

086

重瓣棣棠

Kerria japonica f. *pleniflora*

蔷薇科　棣棠属

落叶丛生灌木，高达2m。小枝“之”字形，色绿，可冬季观枝。单叶互生，叶卵状椭圆形，缘重锯齿。花黄色，重瓣，单生侧枝端。性喜光，可耐半阴，喜温暖湿润气候，耐寒性不强，需栽植在背风向阳处。北京地区花期4月上旬至下旬，植株绿期长达8个月，尤其落叶期较晚。宜孤植、丛植于路旁或建筑前，也可作花篱。

① 03.07 芽开放期
② 03.31 展叶始期，显蕾期
③ 03.31 展叶始期，显蕾期
④ 04.05 展叶盛期，始花期
⑤ 04.05 展叶盛期，始花期
⑥ 04.16 盛花期
⑦ 11.14 秋色始期
⑧ 11.24 秋色盛期
⑨ 11.24 秋色盛期
⑩ 12.11 落叶末期

087

黄刺玫

Rosa xanthina

蔷薇科 蔷薇属

①	03.02	芽开放期	⑤	04.10	始花期
②	03.25	展叶始期	⑥	04.16	盛花期
③	04.05	展叶盛期，显蕾期	⑦	04.16	盛花期
④	04.05	展叶盛期，显蕾期	⑧	11.25	落叶末期

落叶丛生灌木。小枝褐色，枝具扁刺，无刺毛。奇数羽状复叶，小叶7~9枚，缘具钝齿。花黄色，单生。性喜光，不耐阴，耐寒，耐干旱，耐贫瘠，管理粗放。北京地区4月中下旬开花。可丛植作花篱，用于庭院观赏，也可用作防护篱。

①②③④⑤⑥⑧

⑦

088

阿穆尔小檗

Berberis amurensis

小檗科　小檗属

①	03.11	芽开放期
②	03.25	展叶始期
③	04.08	展叶盛期，显花序期
④	04.16	盛花期
⑤	04.16	盛花期
⑥	10.13	果实成熟期
⑦	11.14	秋色始期
⑧	12.02	落叶末期

落叶灌木，高达2～3m。二年生枝灰色，刺三叉，叶倒卵状椭圆形，先端急尖或圆钝，基部楔形，缘具刺状细密尖齿，背面网脉明显。花淡黄色，10～25朵成下垂总状花序。性喜光，稍耐阴，耐寒性强，耐干旱。北京地区4月中下旬开花；果实成熟期10月中下旬，浆果椭球形，长约1cm，鲜红色。花果美丽，是良好的观花、观叶、观果树种，宜植于草坪、林缘、路边观赏；枝有刺且耐修剪，也是良好的绿篱材料。

089

迎红杜鹃

Rhododendron mucronulatum

杜鹃花科　杜鹃花属

pH<7

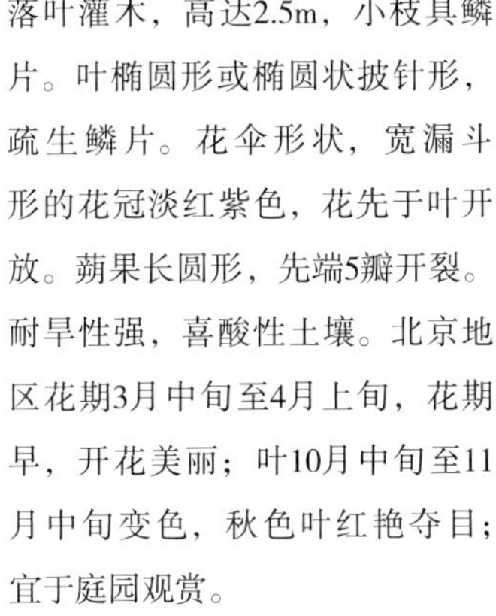

落叶灌木，高达2.5m，小枝具鳞片。叶椭圆形或椭圆状披针形，疏生鳞片。花伞形状，宽漏斗形的花冠淡红紫色，花先于叶开放。蒴果长圆形，先端5瓣开裂。耐旱性强，喜酸性土壤。北京地区花期3月中旬至4月上旬，花期早，开花美丽；叶10月中旬至11月中旬变色，秋色叶红艳夺目；宜于庭园观赏。

① 03.06 芽开放期
② 03.16 盛花期
③ 03.16 盛花期
④ 04.08 展叶始期
⑤ 04.19 展叶盛期
⑥ 04.19 展叶盛期
⑦ 10.23 秋色盛期
⑧ 10.23 秋色盛期
⑨ 11.17 落叶末期

1月 2月 3月 4月 5月 6月 7月 8月 9月 10月 11月 12月

叶幕期
花期
果实成熟期

090

香荚蒾

Viburnum farreri

忍冬科　荚蒾属

落叶灌木，高达3m。单叶对生，椭圆形，缘有三角状锯齿，叶脉和叶柄略带红色。圆锥花序，花冠高脚碟状。有粉花、白花两品种，粉花品种蕾时粉红色、开放后淡粉色，白花品种蕾时绿色、开放后白色。端5裂，芳香。性耐半阴，耐寒，喜肥沃、湿润、松软的土壤，不耐瘠薄和积水。北京地区3月中旬至4月上旬与叶同放。5月下旬至6月中旬果实成熟，浆果状核果椭球形，紫红色。华北地区重要的早春花木，优良的观花赏果灌木；宜丛植于草坪边或林缘下，也可作基础栽植，植于建筑前，东西两侧或北面均可。

① 03.10 显蕾期
② 03.10 显蕾期（白花）
③ 03.10 显蕾期（粉花）
④ 04.02 盛花期
⑤ 04.02 盛花期（白花）
⑥ 04.02 盛花期（粉花）
⑦ 04.12 展叶盛期，结果始期
⑧ 04.12 展叶盛期，结果始期
⑨ 05.20 果实成熟期
⑩ 11.18 落叶末期

091

郁李

Cerasus japonica

蔷薇科　樱属

①	03.01	芽开放期
②	03.29	显蕾期
③	03.29	显蕾期
④	04.08	盛花期，展叶始期
⑤	04.08	盛花期，展叶始期
⑥	04.13	末花期
⑦	04.19	展叶盛期，结果始期
⑧	04.19	展叶盛期，结果始期
⑨	06.20	果实成熟期
⑩	06.20	果实成熟期
⑪	10.12	秋色始期
⑫	10.12	秋色始期
⑬	11.08	秋色盛期
⑭	11.16	落叶末期

落叶灌木，枝细密，无毛，冬芽三枚并生。叶卵形或卵状椭圆形，缘有尖锐重锯齿。花粉红色或近白色。性喜光，耐旱，耐寒，较耐水湿。北京地区4月上旬花叶同放；6月下旬果实成熟，果深红色，是优良的鸟类食物源；秋色期10月中旬至11月中旬，秋色叶红艳。适用于庭院观赏。

	1月	2月	3月	4月	5月	6月	7月	8月	9月	10月	11月	12月
叶幕期												
花期												
果实成熟期												

92-1

榆叶梅

Amygdalus triloba

蔷薇科　桃属

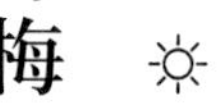

① 03.01 芽开放期
② 03.17 显蕾期
③ 03.29 始花期
④ 04.03 盛花期
⑤ 04.03 盛花期
⑥ 04.14 展叶始期，结果始期
⑦ 04.14 展叶始期，结果始期
⑧ 04.23 展叶盛期
⑨ 06.10 果实成熟期
⑩ 10.23 秋色盛期
⑪ 10.23 秋色盛期
⑫ 10.28 落叶末期

落叶灌木，高达2～3m。叶片倒卵状椭圆形，重锯齿。花粉红色，单瓣，萼片外无毛。果实近球形，红色，密被柔毛。性喜光，耐寒，耐旱，耐轻盐碱土，不耐水涝。北京地区4月上旬叶前开放；6月中旬果实成熟，果色红亮。花多而花色艳丽，是北方春季重要的观花灌木。

92-2

重瓣榆叶梅 *Amygdalus triloba* f. *multiplex*

花较大，重瓣，粉红色，花朵密集艳丽。北京习见栽培。

①	03.12	芽开放期
②	03.17	显蕾期
③	03.17	显蕾期
④	03.31	始花期
⑤	03.31	始花期
⑥	04.03	盛花期，展叶始期
⑦	04.03	盛花期，展叶始期
⑧	04.15	展叶盛期
⑨	11.08	秋色盛期

093

紫荆

Cercis chinensis

豆科　紫荆属

落叶灌木或小乔木，高2～4m。单叶互生，心形，全缘，光滑无毛；叶柄顶端膨大。花假蝶形，紫红色，5～8朵簇生于老枝及茎干上；荚果。喜光，喜湿润肥沃土壤，耐干旱瘠薄，忌水湿，有一定的耐寒能力，萌芽性强。北京地区4月上中旬叶前开花，春日繁花簇生枝间，满树紫红，鲜艳夺目，为良好的庭园观花树种。

① 03.12 芽开放期
② 03.12 芽开放期
③ 03.25 显蕾期
④ 03.25 显蕾期
⑤ 04.05 始花期
⑥ 04.05 始花期
⑦ 04.10 盛花期
⑧ 04.10 盛花期
⑨ 04.27 展叶盛期
⑩ 04.27 展叶盛期
⑪ 10.30 秋色盛期
⑫ 10.30 秋色盛期
⑬ 11.14 落叶末期

①  ②  ③  ④  ⑤  ⑥  ⑦ ⑧ ⑨ ⑩  ⑪  ⑫  ⑬

094

紫丁香

Syringa oblata

木犀科　丁香属

①	03.03	芽开放期	⑧	04.23	展叶盛期
②	03.13	显花序期	⑨	04.23	展叶盛期
③	03.13	显花序期	⑩	10.17	秋色始期
④	03.27	展叶始期，始花期	⑪	10.17	秋色始期
⑤	03.27	展叶始期，始花期	⑫	10.28	秋色盛期
⑥	04.06	盛花期	⑬	10.28	秋色盛期
⑦	04.06	盛花期	⑭	11.19	落叶末期

落叶灌木，高达4～5m。小枝较粗壮，无毛。单叶对生，广卵形，基部近心形，全缘，两面无毛，宽常大于长。密集圆锥花序，花冠堇紫色，花冠筒细长，裂片开展。蒴果长卵形，光滑。喜光，稍耐阴，耐寒，耐旱，忌低湿。北方地区春季观花灌木，花有色有香，北京地区4月上中旬开放；秋色期10月下旬至11月中旬，秋色盛期叶色红艳。宜丛植或片植于林缘、草地，或列植于路缘。

①②③④⑤⑥⑦⑧⑨⑩⑪⑫⑬⑭

095

什锦丁香

Syringa × chinensis

木犀科　丁香属

灌木，高达5m；树皮灰色。枝细长，无毛，具皮孔。叶片卵状披针形至卵形，先端锐尖至渐尖，基部楔形至近圆形，上面深绿色，下面粉绿色，两面无毛。圆锥花序直立，花冠紫色或淡紫色，花冠管细弱，圆柱形。北京地区花期4月上旬至下旬。

① 03.09 芽开放期
② 03.29 显蕾期
③ 04.03 始花期，展叶始期
④ 04.03 始花期，展叶始期
⑤ 04.19 盛花期间
⑥ 04.19 盛花期间
⑦ 05.05 展叶盛期
⑧ 10.31 秋色始期
⑨ 10.31 秋色始期
⑩ 11.23 落叶末期

096

波斯丁香

Syringa × *persica*

木犀科　丁香属

①	03.06	芽开放
②	04.08	展叶始期
③	04.08	展叶始期
④	04.19	盛花期
⑤	04.30	末花期
⑥	04.30	末花期
⑦	10.23	秋色始期
⑧	10.23	秋色始期
⑨	11.23	落叶末期

落叶灌木，高达2m。枝细长，无毛。单叶对生，叶披针形或卵状披针形，幼龄树叶常羽状裂。春季观花灌木，疏散圆锥花序发自侧芽，花蓝紫色，花冠筒细，有香气。喜光，稍耐阴，耐寒，耐旱。北京地区花期4月中下旬，开花繁茂，宜丛植或片植于林缘或墙隅。

097

牡丹

Paeonia suffruticosa

芍药科 芍药属

落叶灌木，高达2m，在我国栽培历史悠久，品种繁多，多为重瓣，色彩丰富，是极名贵的观赏花木，被誉为“国色天香”。著名传统品种有‘葛巾紫’‘洛阳红’‘青龙卧墨池’‘豆绿’‘案首红’‘赵紫’‘粉中冠’等。其具二回三出复叶互生，小叶卵形，3～5裂，背面常有白粉，无毛。花大，径12 ～ 30cm，单生枝端；心皮有毛，并全被革质花盘所包；单瓣或重瓣，有白、粉红、深红、紫红、黄、豆绿等色。聚合果，密生黄褐色毛。喜光，需侧方遮阴；耐寒，喜凉爽，畏炎热；要求土壤排水良好，否则易烂根；生长慢。北京地区花期4月中下旬；果期9月。

① 02.23 芽开放期
② 03.12 显幼叶期
③ 03.19 展叶始期
④ 03.19 展叶始期
⑤ 03.19 展叶始期
⑥ 04.05 展叶盛期，显蕾期
⑦ 04.05 展叶盛期，显蕾期
⑧ 04.21 盛花期
⑨ 04.21 盛花期
⑩ 10.13 秋色始期
⑪ 10.30 秋色盛期
⑫ 11.19 落叶末期

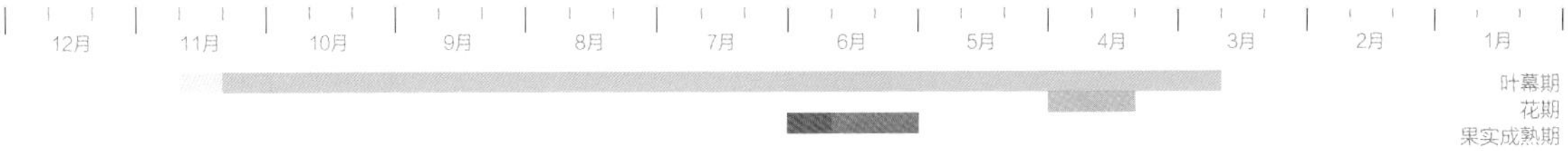

098

新疆忍冬

Lonicera tatarica

忍冬科　忍冬属

① 03.12 芽开放期
② 03.17 展叶始期
③ 04.03 展叶盛期，显蕾期（白花）
④ 04.03 展叶盛期，显蕾期（白花）
⑤ 04.03 展叶盛期，显蕾期（红花）
⑥ 04.03 展叶盛期，显蕾期（红花）
⑦ 04.19 盛花期（白花）
⑧ 04.19 盛花期（白花）
⑨ 04.19 盛花期（红花）
⑩ 04.19 盛花期（红花）
⑪ 04.30 结果始期
⑫ 06.08 果实成熟期
⑬ 11.16 落叶末期

落叶灌木，高达3～4m。小枝中空，无毛。单叶对生，卵形或卵状椭圆形，表面暗绿色，背面苍绿色。花成对腋生，具长总花梗，花冠二唇形，粉红、红或白色。浆果红色。性喜光，耐阴，耐寒。北京地区4月中下旬开花，6月上旬至下旬果实成熟；其春季观花，秋季观果，是优良的观花、赏果灌木，可丛植或片植于草坪、水边，或植于林缘、道路两旁作花篱。

①②③④⑤⑥⑦⑧⑨⑩⑪⑫⑬

099

巧玲花 *Syringa pubescens*

木犀科 丁香属

落叶灌木，高2～4m，小枝细，稍四棱形，无毛。叶卵状椭圆形至菱状椭圆形，叶缘及背面至少脉上有硬毛。圆锥花序较紧密，花淡紫白色，花冠筒细长，芳香，圆锥花序较紧密，花序轴、花梗、花萼无毛。蒴果长椭圆形，先端尖。性喜光，稍耐阴，喜冷凉气候，耐寒。北京地区4月下旬至5月上旬开花，春末夏初盛花时芳香美丽；果期8～9月。优良的庭院观赏花木，可丛植或片植于林缘、草地或墙隅。

①	03.05	芽开放期	⑧	05.28	结果期
②	03.28	展叶始期，显花序期	⑨	08.29	果实成熟期
③	03.28	展叶始期，显花序期	⑩	10.13	秋色始期
④	04.12	展叶盛期，显蕾期	⑪	10.13	秋色始期
⑤	04.12	展叶盛期，显蕾期	⑫	10.29	秋色盛期
⑥	04.24	盛花期	⑬	10.29	秋色盛期
⑦	04.24	盛花期	⑭	11.12	落叶末期

①
② 
③ 
④ 
⑤ 
⑥ 
⑦ 
⑧ 
⑨ 
⑩ 
⑪  
⑫ 
⑬ 
⑭

100

蝟实

Kolkwitzia amabilis

忍冬科　蝟实属

①	03.10	芽开放期	⑧	05.03	盛花期
②	03.27	展叶始期	⑨	05.27	结果始期
③	03.27	展叶始期	⑩	05.27	结果始期
④	04.11	展叶盛期	⑪	10.28	秋色始期
⑤	04.11	展叶盛期	⑫	10.28	秋色始期
⑥	04.19	显蕾期	⑬	11.24	落叶末期
⑦	05.03	盛花期			

落叶灌木，高达3m。干皮薄片状剥裂，小枝幼时疏生长毛。单叶对生，卵形至卵状椭圆形，两面有毛。顶生伞房状聚伞花序，花冠钟状，粉红色，喉部黄色，端5裂，花萼筒密生硬毛。瘦果状核果卵形，外面有刺刚毛，形似刺猬，极具观赏性。性喜光，颇耐寒，喜肥沃、排水良好的土壤。北京地区4月下旬至5月上旬开花；果期8～9月。春末观花，花繁密美丽；秋季观果，果形奇特，是优良的观花赏果灌木。宜丛植于草坪、角隅、径边、屋侧及假山旁。

①　②

③　④　⑤　⑥　⑦　⑧　⑨　⑩　⑪　⑫　⑬

101

柽柳 *Tamarix chinensis*

柽柳科　柽柳属

落叶灌木或小乔木，高2～5m；树皮红褐色，小枝细长下垂。叶细小，鳞片状，长1～3mm，互生。花小，粉红色。具抗涝、抗旱、抗盐碱及沙荒地的能力，深根性，生长快，萌芽力强。花期极长，从5月上旬至9月上旬，自春至秋均可开花。宜作盐碱地绿化树种，也可植于庭园观赏。

① 03.21 芽开放期
② 04.07 展叶始期
③ 04.18 显花序期
④ 04.18 显花序期
⑤ 04.24 显蕾期
⑥ 05.04 盛花期，展叶盛期
⑦ 11.10 秋色盛期
⑧ 11.10 秋色盛期
⑨ 11.30 落叶末期

102

薄皮木

Leptodermis oblonga

茜草科　野丁香属

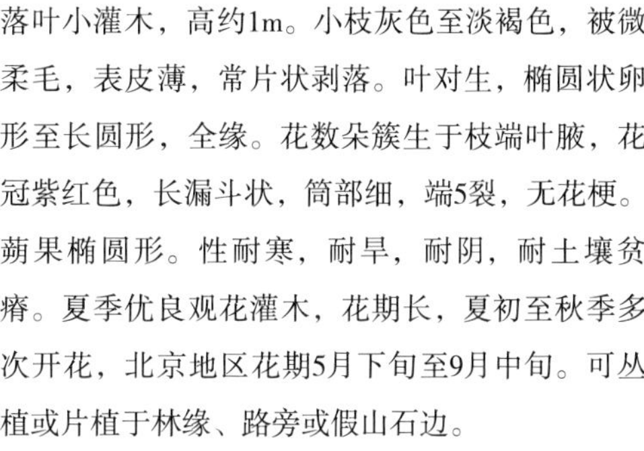

落叶小灌木，高约1m。小枝灰色至淡褐色，被微柔毛，表皮薄，常片状剥落。叶对生，椭圆状卵形至长圆形，全缘。花数朵簇生于枝端叶腋，花冠紫红色，长漏斗状，筒部细，端5裂，无花梗。蒴果椭圆形。性耐寒，耐旱，耐阴，耐土壤贫瘠。夏季优良观花灌木，花期长，夏初至秋季多次开花，北京地区花期5月下旬至9月中旬。可丛植或片植于林缘、路旁或假山石边。

①

②

③

④

⑤

⑥

⑦

⑧

⑨

① 04.18 芽开放期
② 04.23 展叶始期
③ 05.10 展叶盛期
④ 05.14 显花序期
⑤ 05.19 显蕾期
⑥ 06.10 盛花期
⑦ 06.10 盛花期
⑧ 10.23 秋色盛期，果实成熟期
⑨ 10.23 秋色盛期，果实成熟期

103

木槿

Hibiscus syriacus

锦葵科　木槿属

落叶灌木，高3～4m，小枝密被黄色星状绒毛。单叶对生，叶菱形至三角状卵形，通常3裂，叶缘锯齿粗钝。花单生于枝端叶腋间，通常深紫色，朝开暮谢，花萼密被星状短绒毛。蒴果卵圆形，密被黄色星状绒毛。喜光，喜温暖湿润气候，耐干旱瘠薄，较耐寒，萌蘖性强，耐修剪。其花大美丽，花期长，北京地区花期6月中旬至10月中旬。可植于庭院观赏，也常植为绿篱。

① 03.27 芽开放期
② 04.06 展叶始期
③ 04.06 展叶始期
④ 04.30 展叶盛期
⑤ 04.30 展叶盛期
⑥ 06.18 盛花期
⑦ 06.18 盛花期
⑧ 10.01 秋色始期
⑨ 11.02 秋色盛期
⑩ 11.02 秋色盛期

104

紫薇

Lagerstroemia indica

千屈菜科　紫薇属

落叶灌木或小乔木，高可达7m，树皮平滑，枝条多扭曲，小枝具4棱。叶互生或有时对生，椭圆形或倒卵形，全缘。顶生圆锥花序，花淡红色或紫色、白色。蒴果椭圆状球形或阔椭圆形，幼时黄色至绿色，成熟或干燥时呈紫黑色。喜光，有一定的耐寒能力。北京地区花期6月中旬至9月下旬，花色鲜艳美丽，花期长，是极好的夏季观花树种，秋叶也常变成红色或黄色。适于园林绿地及庭院栽培观赏，也是盆栽和制作桩景的好材料。

① 04.19 展叶始期
② 04.30 展叶盛期
③ 06.10 始花期
④ 06.20 盛花期
⑤ 06.20 盛花期
⑥ 09.17 果实成熟期
⑦ 10.12 秋色盛期
⑧ 10.31 落叶末期

1月	2月	3月	4月	5月	6月	7月	8月	9月	10月	11月	12月

叶幕期
花期

105

胡枝子 *Lespedeza bicolor*

豆科　胡枝子属

落叶灌木，高1～3m，常丛生状。三出复叶互生，有长柄。小叶卵状椭圆形，先端钝圆并具小刺尖，两面疏生平伏毛。花淡紫色，腋生，总状花序。喜光，耐半阴，耐寒，耐干旱瘠薄土壤，适应性强。北京地区花期6月下旬至9月中旬。宜作水土保持及防护林下层树种；其花美丽，植株富有野趣，也可植于庭园观赏或用于城乡绿化。

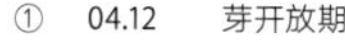

① 04.12 芽开放期
② 05.01 展叶盛期，显花序期
③ 06.20 盛花期
④ 06.20 盛花期
⑤ 09.18 结果始期
⑥ 10.13 秋色盛期
⑦ 10.13 秋色盛期
⑧ 10.29 落叶末期

106

木香薷

Elsholtzia stauntoni

唇形科　香薷属

落叶亚灌木，高约1m。单叶对生，菱状披针形，叶缘有整齐疏圆齿，揉碎后有强烈的薄荷香味。顶生总状花序穗状，花序略偏向一侧，花小而密，花冠淡紫色，外面密被紫毛，雄蕊直而长，紫色。性喜光，稍耐阴，较耐寒，耐旱，适应性强。优良秋季观花树种，北京地区花期9月上旬至10月下旬。可植于林缘、道路两旁或假山石边。

① 04.08 芽开放期
② 04.14 展叶始期
③ 04.14 展叶始期
④ 04.28 展叶盛期
⑤ 09.01 显蕾期
⑥ 10.12 盛花期（紫花）
⑦ 10.12 盛花期（紫花）
⑧ 10.12 盛花期（白花）
⑨ 10.12 盛花期（白花）
⑩ 11.08 秋色始期
⑪ 11.23 落叶末期

107

贴梗海棠（皱皮木瓜）

Chaenomeles speciose

蔷薇科　木瓜属

落叶灌木，高达2m。枝条直立开展，有刺。单叶互生，叶片卵形至椭圆形，缘有锯齿，托叶大，肾形或半圆形。花3～5朵簇生于二年生老枝上，先叶开放，猩红色、稀淡红色或白色。梨果球形或卵球形，黄色，味芳香。喜光，耐瘠薄，有一定耐寒能力，喜排水良好的深厚、肥沃土壤，不耐水湿。北京地区花期3月下旬至4月上旬，先叶开放。宜于草坪、庭院及花坛内丛植或孤植，又可作为花篱及基础种植材料。

①	02.16	芽开放期	⑦	04.03	盛花期
②	03.16	显蕾期	⑧	04.19	展叶盛期
③	03.16	显蕾期	⑨	04.30	结果始期
④	03.22	始花期	⑩	08.30	果实成熟期
⑤	03.22	始花期	⑪	11.08	秋色始期
⑥	04.03	盛花期	⑫	11.23	落叶末期

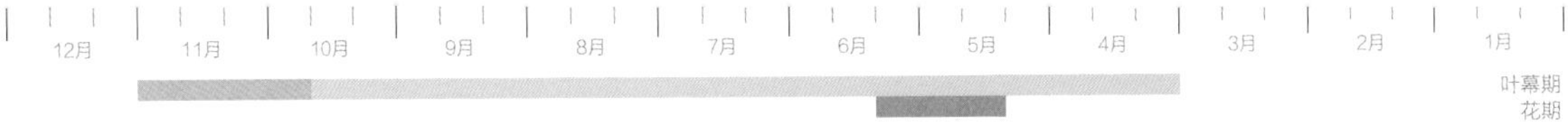

12月 11月 10月 9月 8月 7月 6月 5月 4月 3月 2月 1月

叶幕期
花期

①	03.29	芽开放期
②	04.08	展叶始期
③	04.08	展叶始期
④	04.19	展叶盛期，显花序期
⑤	04.19	展叶盛期，显花序期
⑥	04.25	显蕾期
⑦	05.13	盛花期
⑧	08.10	二次开花盛花期
⑨	08.10	二次开花盛花期
⑩	10.23	秋色始期
⑪	10.23	秋色始期
⑫	11.08	秋色盛期
⑬	11.08	秋色盛期
⑭	12.01	落叶末期

108 「红王子」锦带

Weigela florida ‘Red Prince’

忍冬科　锦带花属

落叶灌木，高达3m。枝条开展，小枝细弱，幼时具两列柔毛。单叶对生，椭圆形或卵状椭圆形，叶缘有齿，表面无毛或仅中脉有毛，背面脉上显具柔毛。花通常3～4朵成聚伞花序，花冠漏斗状钟形，鲜红色，繁密而下垂，端5裂，花萼5深裂。蒴果柱状。性喜光，耐半阴，耐寒，耐干旱瘠薄，怕水涝，对氯化氢抗性较强。其花期长，有二次开花现象，北京地区常于5月或7～8月分别开放。适于庭院、角隅群植，也可在树丛、林缘作花篱、花丛配植。

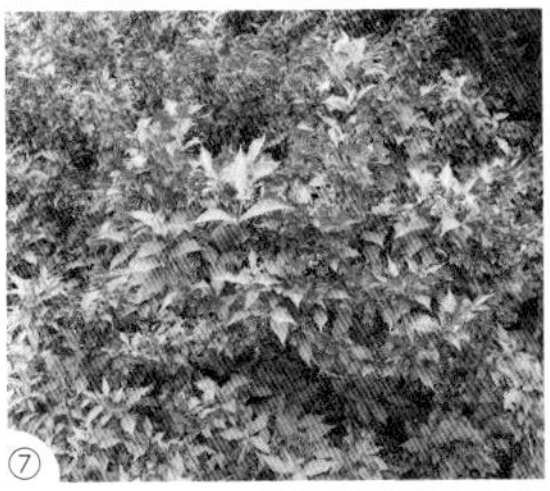

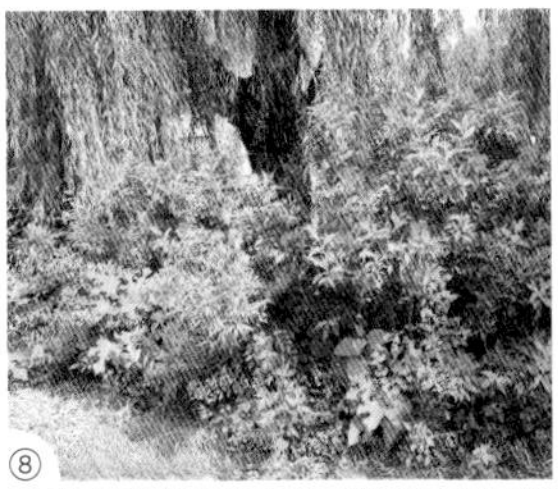

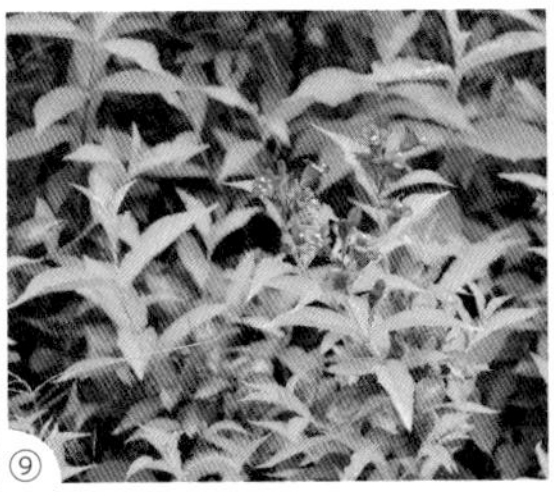

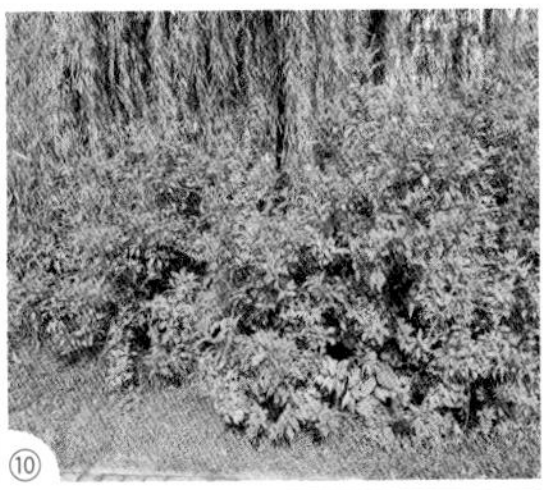

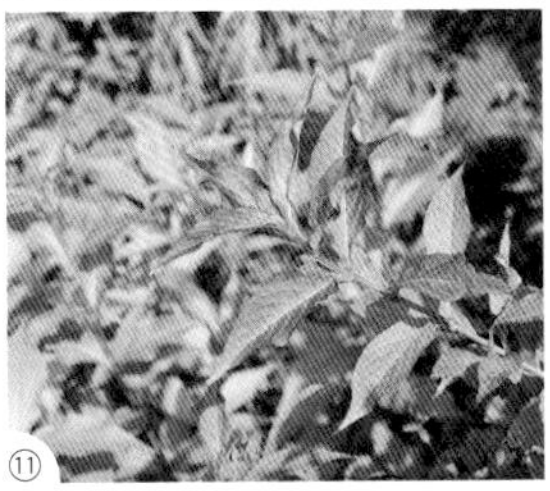

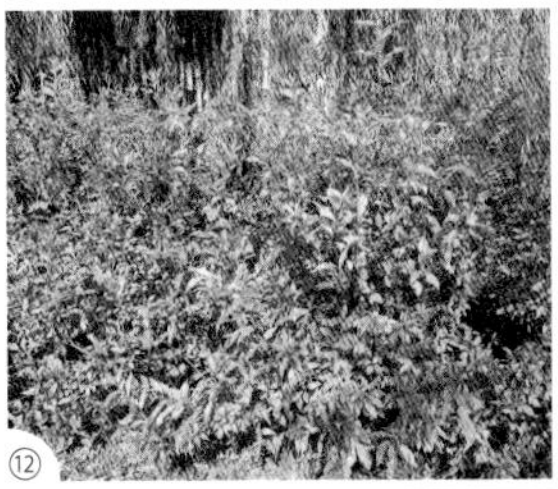

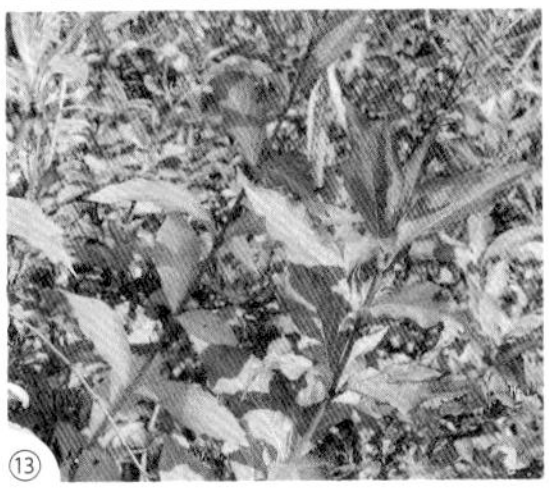

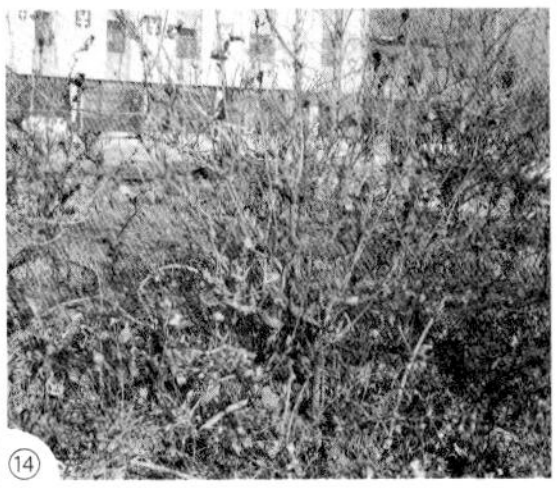

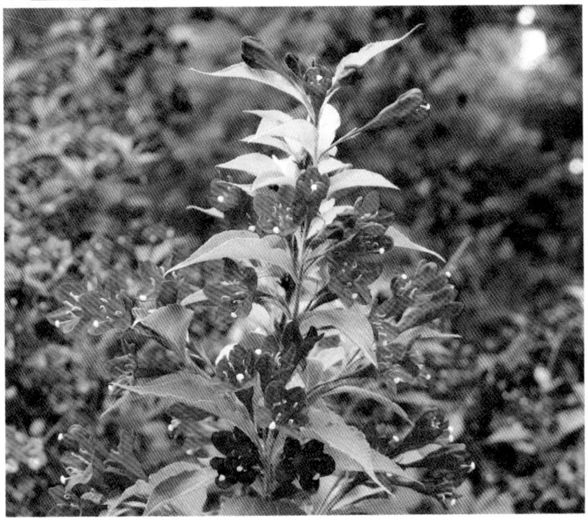

109

荆条

Vitex negundo var. *heterophylla*

马鞭草科　牡荆属

落叶灌木或小乔木，高达5m。小枝四棱形，密生灰白色绒毛。叶具长柄，掌状复叶对生，小叶边缘有缺刻状大齿或为羽状裂，背面密被灰白色绒毛。圆锥状聚伞花序顶生，花冠淡紫色，二唇形。核果球形或倒卵形。性喜光，耐寒，耐干旱瘠薄土壤。夏季观花灌木，亦是优良的蜜源植物，北京地区花期5月下旬至6月下旬。宜丛植、片植于林缘或山坡、路旁，富有野趣。

① 04.16 芽开放期
② 04.26 展叶盛期
③ 06.01 盛花期
④ 06.01 盛花期
⑤ 09.19 果实成熟期
⑥ 11.19 落叶末期

110

穗花牡荆

Vitex agnus-castus

马鞭草科　牡荆属

灌木，高2~3m；小枝四棱形，被灰白色绒毛。掌状复叶，对生，小叶4~7枚。聚伞花序排列成圆锥状；花柄极短或近无；花萼钟状，外面有灰白色绒毛和腺点；花冠蓝紫色，外面有毛和腺点。性喜光，耐寒亦耐热，耐干旱瘠薄，生长势强，抗性强，病虫害少，耐修剪，花后修剪可延长花期。其花期长，北京地区花期6月中旬至11月上旬。

①	04.23	芽开放期
②	05.20	展叶盛期
③	05.24	显花序期
④	06.08	显蕾期
⑤	06.21	盛花期
⑥	06.21	盛花期
⑦	09.17	二次开花盛花期
⑧	11.08	秋色始期
⑨	11.16	落叶末期

111

大叶醉鱼草

Buddleja davidii

马钱科　醉鱼草属

落叶灌木，高1～3m。枝条开展，四棱形，幼枝、叶片下面、叶柄和花序均密被灰白色星状短绒毛。叶对生，长卵状披针形，叶缘有细锯齿。花总状或圆锥状聚伞花序顶生，花冠高脚碟形，芳香，花萼宿存。性强健，喜光，较耐寒，耐旱。夏秋优良观花灌木，观赏期较长，北京地区花期6月下旬至9月中旬。花序较大，花色丰富，有紫色、红色、暗红色、白色及斑叶等丰富品种，北京园林中常用紫花品种（如‘Purple Emperor’）及白花品种（如‘White Profusion’）。可丛植、片植于林缘、墙隅或道路两旁，也可草地丛植、密植作花篱、花带等。

① 04.23 展叶始期
② 05.14 展叶盛期
③ 05.14 展叶盛期
④ 06.10 显花序期
⑤ 06.25 盛花期（白花）
⑥ 06.25 盛花期（紫花）
⑦ 10.27 秋色始期，末花期
⑧ 11.27 落叶末期

112

金叶莸

Caryopteris × *clandonensis* 'Worcester Gold'

马鞭草科　莸属

①	03.18	展叶始期
②	05.10	展叶盛期
③	06.21	显花序期
④	07.20	始花期
⑤	09.06	盛花期
⑥	09.06	盛花期
⑦	10.12	秋色始期
⑧	10.12	秋色始期
⑨	11.16	落叶末期

为莸与蒙古莸的杂交种。常年异色叶灌木，高约1m。叶对生，卵状披针形，表面鹅黄色，光滑，背面有银色毛。花、叶兼有观赏性；花蓝紫色，聚伞花序，常再组成伞房状复花序，腋生。性喜光，耐寒，耐修剪。北京地区花期7月下旬至9月上旬，可持续2~3个月；常年可观金色叶，叶色明丽；花色、叶色反差大，极具视觉冲击力。宜丛植于庭院观赏，或在园林绿地中作大面积色块及基础栽植。

二、秋色叶灌木

茶条槭

黄栌

‘密冠’卫矛

Shrubs with colorful leaves in Autumn

113

茶条槭

Acer ginnala

槭树科　槭属

落叶灌木或小乔木，高5～6m。当年生枝绿色或紫绿色，多年生枝淡黄色或黄褐色，皮孔淡白色。叶纸质，叶片长圆卵形或长圆椭圆形，常3～5裂，中裂较大，各裂片的边缘常具不整齐的钝尖锯齿，叶柄及主脉常带紫红色。伞房花序，花色黄绿，北京地区花期4月下旬至5月上旬。果实黄绿色或黄褐色，翅果，7月上中旬成熟，红艳可赏。弱阳性，耐寒，深根性，萌蘖性强。秋叶易变红色，翅果成熟前红艳可爱，是良好的庭院观赏树，也可栽作绿篱及小型行道树。

①　03.10　芽开放期
②　04.03　展叶始期
③　04.14　显花序期
④　04.25　盛花期，展叶盛期
⑤　04.25　盛花期，展叶盛期
⑥　05.10　结果期
⑦　07.02　果实成熟期
⑧　10.12　秋色盛期
⑨　10.23　落叶末期

114

黄栌

Cotinus coggygria

漆树科　黄栌属

落叶灌木或小乔木，高达8m，枝红褐色。单叶互生，卵圆形至倒卵形，全缘，叶两面或背面有灰色柔毛。顶生圆锥花序，花小而黄色，有柔毛，北京地区4月中下旬开花。核果小，肾形，果序上有许多伸长成紫色羽毛状的不孕性花梗，远观如烟霞，著名的“烟树”景观在北京多于5月上中旬出现。秋季霜叶红艳，秋色期10月下旬至11月中旬。

①	03.29	芽开放期	⑥	05.10	不孕花花梗显著
②	04.03	展叶始期	⑦	05.10	不孕花花梗显著
③	04.23	盛花期，展叶盛期	⑧	10.23	秋色显著期
④	04.23	盛花期，展叶盛期	⑨	10.31	秋色盛期
⑤	05.01	结果始期	⑩	11.16	落叶末期

115

「密冠」卫矛

Euonymus alatus 'Compactus'

卫矛科　卫矛属

pH<7

落叶小灌木。株高1.5～3m。树冠顶端较平整。分枝多，长势整齐，树枝幼时绿色，无毛，老枝上生有木栓质的翅叶，从椭圆形至卵圆形，有锯齿，单叶对生，春夏为深绿色，初秋开始变红，最终可达近火焰红色。北京地区4月下旬开花，花色浅红或浅黄色，聚伞花序。9月至秋末果实成熟，红色可赏。新优秋色叶品种，秋色期从10月下旬至11月中旬，在酸性土壤中生长秋色效果更好。

① 04.03 芽开放期
② 04.14 展叶始期，显蕾期
③ 04.28 展叶盛期，盛花期
④ 04.28 展叶盛期，盛花期
⑤ 10.31 秋色盛期
⑥ 10.31 秋色盛期
⑦ 11.08 落叶末期

三、常年异色叶灌木

Shrubs with colorful leaves

金叶风箱果

牛奶子

12月 11月 10月 9月 8月 7月 6月 5月 4月 3月 2月 1月

叶幕期
花期
果实成熟期

116

金叶风箱果

Physocarpus opulifolius ‘Luteus’

蔷薇科　风箱果属

☼　❄

落叶灌木，高达3m。叶互生，三角状卵形，3～5浅裂，缘具重锯齿。花小，白色，顶生总状花序。性喜光，耐寒，喜湿润、排水良好的土壤。北京地区5月上中旬开花。5月中旬至8月下旬果实成熟，蓇葖果橙红可赏。秋色期10月下旬至11月下旬。重要的观花、观果及秋色叶灌木，可丛植于草坪、庭院。

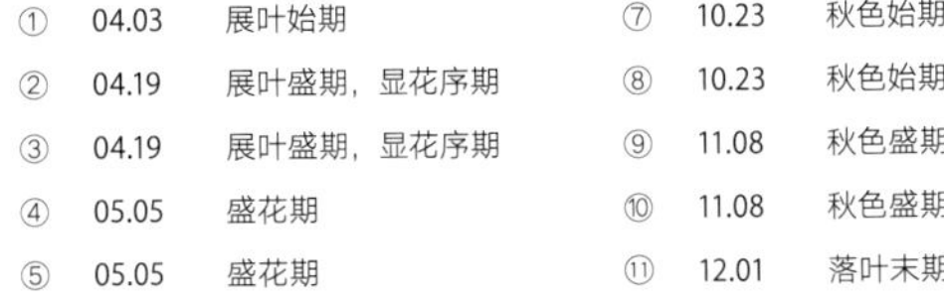

①	04.03	展叶始期	⑦	10.23	秋色始期
②	04.19	展叶盛期，显花序期	⑧	10.23	秋色始期
③	04.19	展叶盛期，显花序期	⑨	11.08	秋色盛期
④	05.05	盛花期	⑩	11.08	秋色盛期
⑤	05.05	盛花期	⑪	12.01	落叶末期
⑥	05.12	果实成熟期			

117

牛奶子

Elaeagnus umbellata

胡颓子科　胡颓子属

落叶灌木，高达4m，树干通常有刺；小枝黄褐色或带银白色。叶长椭圆形，表面幼时有银白色鳞斑，背面银白色或杂有褐色鳞斑。花黄白色，芳香，花被筒部较裂片为长，2～7朵成腋生伞形花序。北京地区4月下旬至5月中旬开花；果卵圆形或近球形，橙红色，9月上中旬成熟，可食。可植于庭园观赏，或作防护林下木。

①	03.16	芽开放期	⑦	04.18	显蕾期
②	03.29	展叶始期	⑧	04.25	盛花期
③	03.29	展叶始期	⑨	05.21	结果始期
④	04.08	展叶盛期	⑩	09.06	果实成熟期
⑤	04.08	展叶盛期	⑪	10.23	秋色显著期
⑥	04.18	显蕾期	⑫	11.17	落叶末期

四、观果灌木

Shrubs with ornamental fruits

[白色系]

红瑞木

[黄色系]

枸橘

[红色系]

平枝栒子
水栒子

[紫黑/蓝黑色系]

海州常山
黑果荚蒾

118

红瑞木

Swida alba

山茱萸科　梾木属

落叶灌木，高达3m。枝条鲜红色，无毛，常被白粉。单叶对生，卵形或椭圆形，背面灰白色。伞房状聚伞花序顶生，花小，白色至黄白色。喜光，耐半阴，耐寒，耐湿，也耐干旱瘠薄。北京地区花期4月上中旬；5月下旬果实成熟，核果白色。叶秋色期10月中下旬，全株红艳，颇为美观。宜植于草坪、林缘及河岸、湖畔等。

① 03.27 芽开放期
② 04.01 展叶始期
③ 04.06 展叶盛期，显蕾期
④ 04.06 展叶盛期，显蕾期
⑤ 04.11 盛花期
⑥ 04.11 盛花期
⑦ 04.23 结果始期
⑧ 05.27 果实成熟期
⑨ 10.17 秋色盛期
⑩ 10.17 秋色盛期
⑪ 11.13 落叶末期

119

枸橘

Poncirus trifoliata

芸香科　枳属

落叶小乔木，高达3～7m，树冠伞形或圆头形。枝绿色，有枝刺。三出复叶互生，总叶柄有翅，小叶无柄，叶缘有波状浅齿。花单生或成对腋生，花瓣白色，北京地区4月中旬叶前开花。果实成熟期9月中旬至10月上旬，柑果近圆球形或梨形，果皮暗黄色。喜光，耐半阴，喜温暖湿润气候及排水良好的深厚肥沃土壤，有一定的耐寒性，北京能露地栽培，耐修剪。常栽作绿篱材料，并可兼作刺篱、花篱。

① 03.25 芽开放期
② 03.31 展叶始期
③ 04.03 显蕾期
④ 04.13 盛花期
⑤ 04.13 盛花期
⑥ 04.19 展叶盛期，结果始期
⑦ 04.19 展叶盛期，结果始期
⑧ 09.17 果实成熟期，秋色始期
⑨ 09.17 果实成熟期，秋色始期
⑩ 10.23 秋色盛期
⑪ 10.23 秋色盛期
⑫ 11.08 落叶末期

1月	2月	3月	4月	5月	6月	7月	8月	9月	10月	11月	12月

叶幕期
花期
果实成熟期

120

平枝栒子

Cotoneaster horizontalis

蔷薇科　栒子属

落叶或半常绿匍匐灌木，高低于0.5m，冠幅达2m。枝水平开张成整齐两列状。单叶互生，全缘，叶片近圆形或倒卵形，背面有柔毛。花粉红色，萼片三角形。喜光，耐干旱瘠薄，适应性强。北京地区4月下旬至5月上旬开花。果实10月中旬成熟，近球形，鲜红色，经冬不落。秋色期10月中旬至11月下旬，叶色红艳夺目，叶果同色，尤为美观。最宜作基础种植及布置岩石园的材料，也可植于斜坡、路边、假山旁观赏。

①	02.21	芽开放期
②	03.22	展叶始期
③	03.22	展叶始期
④	04.19	展叶盛期，显蕾期
⑤	04.19	展叶盛期，显蕾期
⑥	04.30	盛花期
⑦	05.05	结果始期
⑧	10.12	果实成熟期
⑨	10.12	果实成熟期
⑩	11.08	秋色盛期
⑪	11.08	秋色盛期
⑫	12.01	落叶末期
⑬	12.01	落叶末期

121

水栒子

Cotoneaster multiflorus

蔷薇科 栒子属

落叶灌木，高达4m；小枝细长拱形。单叶互生，叶卵形，全缘。花白色，花萼无毛，聚伞花序。喜光，耐寒，耐干旱瘠薄，耐修剪。北京地区4月中下旬开花；8月下旬果实成熟，果实近球形或倒卵形，红色可赏，持果期可至10月上旬，是优良的观花、观果树种。

①	03.11	芽开放期
②	03.29	展叶始期
③	03.29	展叶始期
④	04.08	展叶盛期，显蕾期
⑤	04.08	展叶盛期，显蕾期
⑥	04.25	盛花期
⑦	04.25	盛花期
⑧	08.26	果实成熟期
⑨	08.26	果实成熟期
⑩	10.31	秋色盛期
⑪	10.31	秋色盛期
⑫	11.08	落叶末期

122

海州常山

Clerodendrum trichotomum

马鞭草科　大青属

落叶灌木或小乔木，高3～6m；幼枝有柔毛。单叶对生，有臭味，叶卵形至广卵形，全缘或疏生波状齿，背面有柔毛。聚伞花序生于枝端叶腋，花冠白色或带粉红色，花萼紫红色，5深裂，宿存；浆果状核果。喜光，稍耐阴，有一定耐寒性，耐干旱也耐湿，对土壤要求不严，对有毒气体抗性强。北京地区花期7月下旬至8月中旬。9月中下旬果实成熟，蓝黑色，并衬以红色大型宿存萼片，色彩观赏性极佳，特别是红色萼片冬季宿存，丰富了冬季色彩。北京地区宜植于林缘、墙隅或居住区等小气候条件较好的位置，是园林中优良的夏季观花、秋冬观果树种。

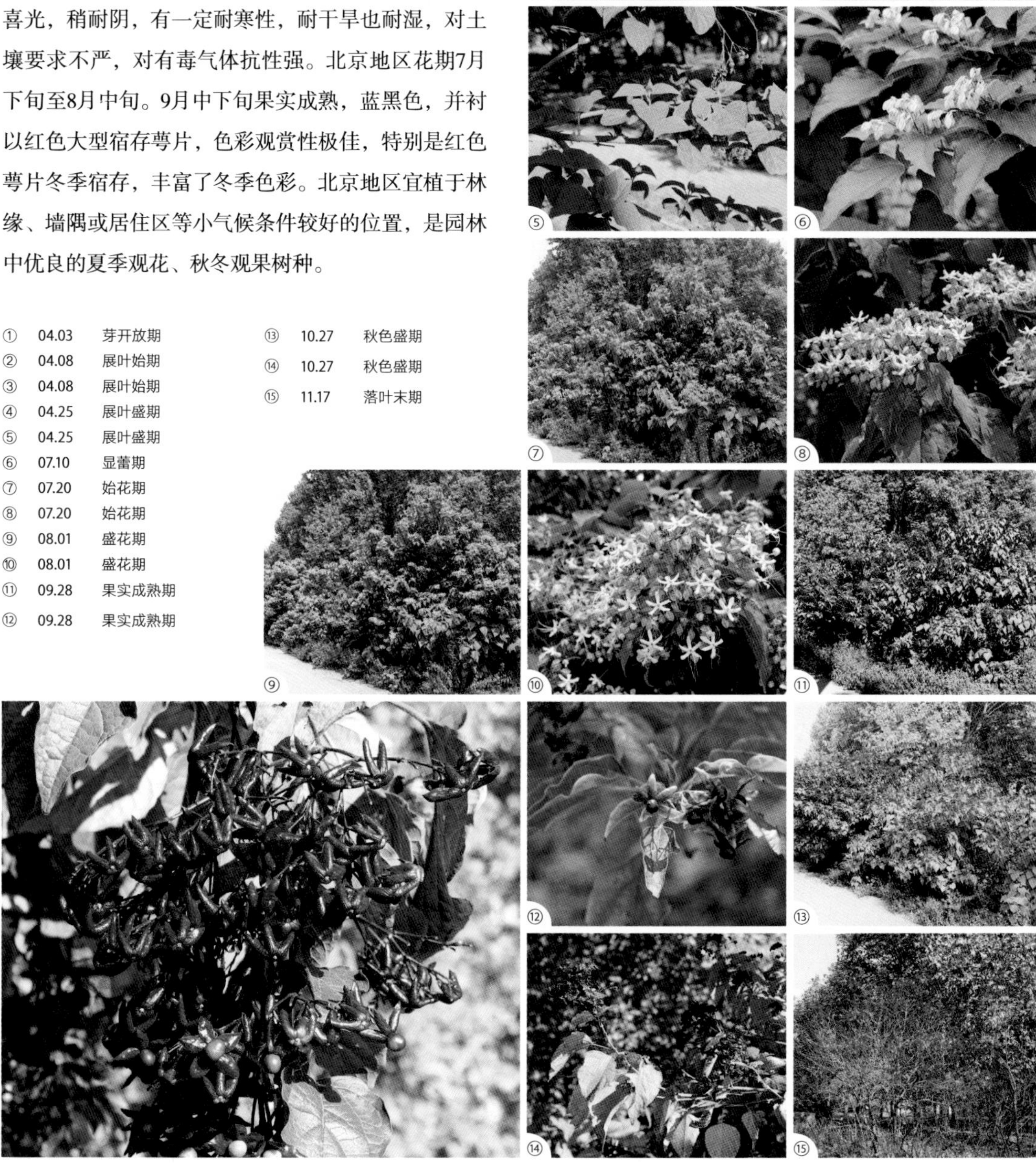

① 04.03 芽开放期
② 04.08 展叶始期
③ 04.08 展叶始期
④ 04.25 展叶盛期
⑤ 04.25 展叶盛期
⑥ 07.10 显蕾期
⑦ 07.20 始花期
⑧ 07.20 始花期
⑨ 08.01 盛花期
⑩ 08.01 盛花期
⑪ 09.28 果实成熟期
⑫ 09.28 果实成熟期
⑬ 10.27 秋色盛期
⑭ 10.27 秋色盛期
⑮ 11.17 落叶末期

123

黑果荚蒾

Viburnum melanocarpum

忍冬科　荚蒾属

落叶灌木，高达3m。一年生枝浅灰黑色，二年生小枝变红褐色而无毛。单叶对生，纸质，广卵形至倒卵形，缘有三角状齿，表面有光泽，疏生柔毛，后近无毛，叶脉凹陷。复伞形聚伞花序，全为两性的可育花，白色，北京地区4月中下旬开放。果实成熟期6月下旬至7月上旬，浆果状核果椭圆状圆形，由暗紫红色转为酱黑色，有光泽。性喜光，耐阴，耐寒。可丛植或片植于草坪、林缘，或作基础栽植，是优良的春花秋实观赏树种。

① 03.29 芽开放期，显花序期
② 04.03 展叶始期
③ 04.14 显蕾期
④ 04.14 显蕾期
⑤ 04.19 盛花期，展叶盛期
⑥ 04.19 盛花期，展叶盛期
⑦ 04.30 结果始期
⑧ 04.30 结果始期
⑨ 06.21 果实成熟期
⑩ 11.08 秋色盛期
⑪ 12.01 落叶末期

紫　　　藤
软枣猕猴桃
美国凌霄

124

紫藤

Wisteria sinensis

豆科 紫藤属

①	03.18	芽开放期
②	04.05	显蕾期
③	04.05	显蕾期
④	04.21	盛花期
⑤	04.21	盛花期
⑥	05.02	展叶盛期，结果始期
⑦	05.02	展叶盛期，结果始期
⑧	10.30	秋色始期
⑨	11.14	秋色盛期
⑩	11.14	秋色盛期
⑪	11.19	落叶末期

落叶缠绕大藤本，茎左旋性，长可达18～30m。羽状复叶互生，小叶7～13枚，卵状长椭圆形，先端渐尖，基部楔形。花蝶形，堇紫色，芳香，总状花序下垂，长15～30cm；北京地区4月中下旬花叶同放。荚果长条形，密生黄色绒毛。本种喜光，对气候及土壤的适应性强，繁花浓荫，荚果悬垂，为良好的棚架绿化树种。

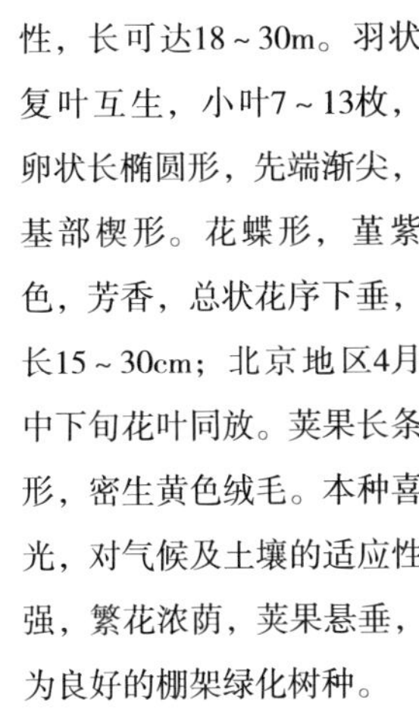

①

②

③

④

⑤

⑥ ⑨

⑦ ⑧

⑩

⑪

125

软枣猕猴桃

Actinidia arguta

猕猴桃科　猕猴桃属

落叶灌木，长达25～30m。枝具白色至淡褐色片状髓。叶椭圆形或近圆形，叶缘锯齿尖锐，叶柄及叶脉干后变黑色。腋生聚伞花序，花乳白色，芳香；北京地区5月上中旬开放。浆果近球形，熟时暗绿色，含维生素，可食。秋色期10月上旬至11月中旬，秋色叶金黄。在园林中可用作棚架等垂直绿化材料。

① 03.24 芽开放期
② 03.29 展叶始期
③ 04.18 展叶盛期，显蕾期
④ 04.18 展叶盛期，显蕾期
⑤ 05.10 盛花期
⑥ 05.29 结果始期
⑦ 09.28 秋色始期
⑧ 09.28 秋色始期
⑨ 10.23 秋色盛期
⑩ 10.23 秋色盛期
⑪ 11.17 落叶末期

126

美国凌霄

Campsis radicans

紫葳科　凌霄属

① 03.31 芽开放期
② 04.06 展叶始期
③ 04.30 展叶盛期
④ 04.30 展叶盛期
⑤ 05.16 显蕾期
⑥ 06.08 盛花期
⑦ 06.08 盛花期
⑧ 11.25 秋色盛期
⑨ 12.09 落叶末期

攀缘木质藤本，具气生根，落叶，长达10m。叶对生，奇数羽状复叶，小叶较多，9～13枚，椭圆形至卵状椭圆形，先端尾状渐尖，叶缘有粗锯齿，叶背被毛。花萼钟状，花萼5裂至1/3处，裂片短，卵状三角形。花冠筒细长，漏斗状，橙红色至鲜红色。蒴果长圆柱形，具柄，硬壳质。性喜光，稍耐阴，耐寒力较强，耐干旱也耐水湿，对土壤要求不严，耐一定盐碱，适应能力强。优良的夏季观花藤本，北京地区花期6月上旬至9月下旬。常用于棚架及垂直绿化，亦可与墙垣、山石等相配。

①

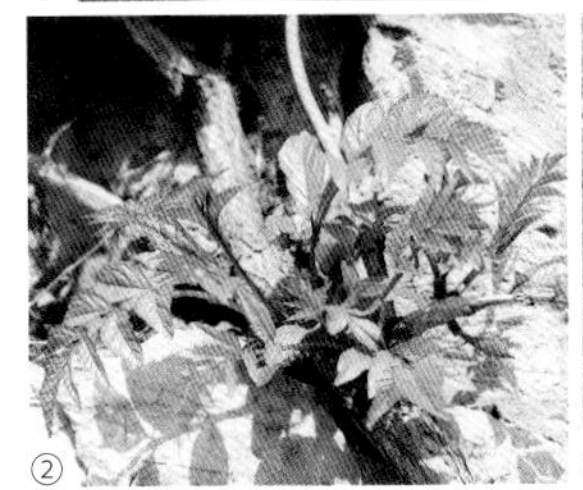
②

③

④

⑤

⑥

⑦

⑧

⑨

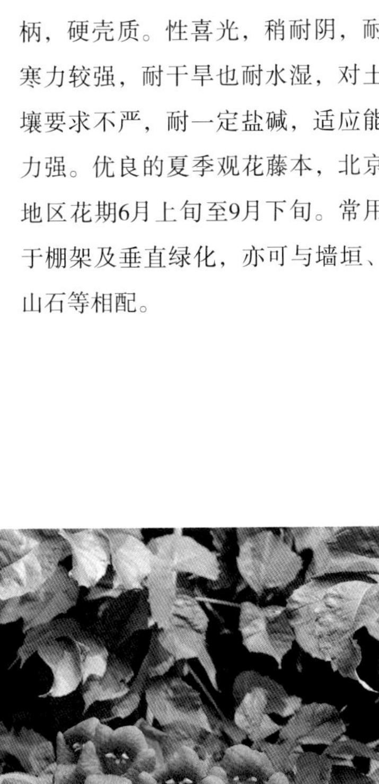

序号	种名	科名	拉丁学名	生活型	“增彩延绿”景观特						
					增彩						
					观花			观叶			观果
					初春开花	仲春及暮春开花	夏秋季开花	春色叶	秋色叶	常年异色叶	
1	银杏	银杏科	*Ginkgo biloba*	乔木					√		√
2	华北落叶松	松科	*Larix principis-rupprechtii*	乔木					√		
3	水杉	杉科	*Metasequoia glyptostroboides*	乔木	√				√		
4	玉兰	木兰科	*Magnolia denudata*	乔木	√				√		√
5	望春玉兰	木兰科	*Magnolia biondii*	乔木	√				√		√
6	杂种鹅掌楸	木兰科	*Liriodendron chinense* × *Liriodendron tulipifera*	乔木		√			√		
7	蜡梅	蜡梅科	*Chimonanthus praecox*	灌木	√						
8	阿穆尔小檗	小檗科	*Berberis amurensis*	灌木		√					√
9	二球悬铃木	悬铃木科	*Platanus acerifolia*	乔木					√		
10	榆	榆科	*Ulmus pumila*	乔木	√						
11	黑弹树	榆科	*Celtis bungeana*	乔木		√			√		
12	胡桃	胡桃科	*Juglans regia*	乔木		√		√			√
13	枫杨	胡桃科	*Pterocarya stenoptera*	乔木		√			√		√
14	蒙古栎	壳斗科	*Quercus mongolica*	乔木		√			√		√
15	白桦	桦木科	*Betula platyphylla*	乔木		√			√		
16	牡丹	芍药科	*Paeonia suffruticosa*	灌木		√		√			
17	软枣猕猴桃	猕猴桃科	*Actinidia arguta*	藤本			√		√		√
18	蒙椴	椴树科	*Tilia mongolica*	乔木			√		√		
19	梧桐	梧桐科	*Firmiana platanifolia*	乔木			√		√		
20	木槿	锦葵科	*Hibiscus syriacus*	灌木			√		√		
21	柽柳	柽柳科	*Tamarix chinensis*	灌木			√				
22	毛白杨	杨柳科	*Populus tomentosa*	乔木	√						
23	加杨	杨柳科	*Populus* × *canadensis*	乔木	√			√	√		
24	旱柳	杨柳科	*Salix matsudana*	乔木	√				√		
25	银芽柳	杨柳科	*Salix* × *leucopithecia*	灌木（可高接做乔木状）	√						
26	迎红杜鹃	杜鹃花科	*Rhododendron mucronulatum*	灌木	√				√		
27	照山白	杜鹃花科	*Rhododendron micranthum*	灌木			√		√		
28	柿	柿科	*Diospyros kaki*	乔木			√		√		√
29	太平花	虎耳草科	*Philadelphus pekinensis*	灌木		√					
30	白鹃梅	蔷薇科	*Exochorda racemosa*	灌木		√			√		√
31	三桠绣线菊	蔷薇科	*Spiraea trilobata*	灌木		√					
32	麻叶绣线菊	蔷薇科	*Spiraea cantoniensis*	灌木		√					
33	珍珠绣线菊	蔷薇科	*Spiraea thunbergii*	灌木	√				√		
34	金叶风箱果	蔷薇科	*Physocarpus opulifolius* var. *Luteus*	灌木		√			√	√	√
35	华北珍珠梅	蔷薇科	*Sorbaria kirilowii*	灌木			√		√		
36	野蔷薇	蔷薇科	*Rosa multiflora*	灌木			√				√
37	‘重瓣白’玫瑰	蔷薇科	*Rosa rugosa* var. *albo-plena*	灌木		√	√		√		√
38	黄刺玫	蔷薇科	*Rosa xanthina*	灌木		√					
39	重瓣棣棠	蔷薇科	*Kerria japonica*	灌木		√			√		
40	鸡麻	蔷薇科	*Rhodotypos scandens*	灌木		√			√		√
41	紫叶李	蔷薇科	*Prunus cerasifera* f. *atropurpurea*	乔木		√				√	√
42	紫叶稠李	蔷薇科	*Padus virginiana* 'Canada Red'	乔木		√			√	√	√
43	山杏	蔷薇科	*Armeniaca sibirica*	乔木	√				√		√
44	辽梅山杏	蔷薇科	*Armeniaca sibirica* var. *pleniflora*	乔木	√				√		√
45	‘三轮玉蝶’梅	蔷薇科	*Armeniaca mume* var. *typica* 'Sanlunyudie'	乔木		√			√		√
46	‘丰后’杏梅	蔷薇科	*Armeniaca mume* var. *bungo* 'Fenghou'	乔木		√			√		√
47	‘淡丰后’杏梅	蔷薇科	*Armeniaca mume* var. *bungo* 'Danfenghou'	乔木		√			√		√

延绿		生态功能						抗逆性							
叶幕期长		生物多样性支撑				改善空气		耐阴或半阴	耐寒	耐旱	耐水湿	耐瘠薄	耐盐碱	抗风	抗污染
		蜜源植物	鸟类栖息地												
落叶晚	绿期长		食源	停栖	筑巢	滞尘	抑菌								
			√	√		√			√	√			√	√	√
									√						
√	√		√	√							√				
			√	√						√					
			√	√					√	√					
√	√									√					
			√												
				√											√
		√	√	√	√	√			√	√			√	√	√
			√			√			√	√				√	
			√				√		√	√		√		√	√
			√	√					√		√			√	
			√	√					√	√		√			
									√		√	√			
		√						√	√	√					
		√	√						√						
		√						√	√	√				√	√
		√							√						
		√	√	√		√	√		√	√			√		√
		√								√	√	√	√		√
√	√		√	√	√	√			√	√	√		√		√
			√	√	√				√	√	√		√		√
√	√	√	√	√	√	√			√	√	√			√	√
		√													
								√		√					
								√	√	√					
			√	√					√	√		√		√	
								√							
								√	√						
		√							√	√		√			
√	√	√							√	√		√			
√	√	√							√						√
			√						√						
	√	√	√				√	√	√						
	√	√	√						√	√	√		√		
√	√	√	√				√		√	√		√	√		√
		√		√		√			√	√		√			√
√	√	√													
√	√								√	√					
		√	√	√					√	√					
		√	√	√					√					√	
		√	√	√					√	√		√			
		√	√	√											
		√	√												
		√	√												
		√	√												

序号	种名	科名	拉丁学名	生活型	“增彩延绿”景观特						
					增彩						
					观花			观叶			
					初春开花	仲春及暮春开花	夏秋季开花	春色叶	秋色叶	常年异色叶	观果
48	美人梅	蔷薇科	*Armeniaca × blireana* 'Meiren'	乔木		√				√	
49	郁李	蔷薇科	*Cerasus japonica*	灌木		√			√		√
50	‘白花重瓣’麦李	蔷薇科	*Cerasus glandulosa* 'Albo-plena'	灌木		√			√		√
51	毛樱桃	蔷薇科	*Cerasus tomentosa*	灌木		√			√		√
52	‘染井吉野’樱	蔷薇科	*Cerasus × yedoensis* 'Somei-yoshino'	乔木		√					√
53	山樱	蔷薇科	*Cerasus jamasakura*	乔木		√		√	√		√
54	‘青肤’樱	蔷薇科	*Cerasus serrulata*	乔木	√				√		√
55	‘关山’樱	蔷薇科	*Cerasus serrulata* 'Kanzan'	乔木		√		√	√		
56	‘普贤象’樱	蔷薇科	*Cerasus serrulata* 'Shirofugen'	乔木		√		√	√		
57	‘郁金’樱	蔷薇科	*Cerasus serrulata* 'Ukon'	乔木		√					
58	‘寒红’桃	蔷薇科	*Amygdalus persica* 'Hanhong'	乔木		√			√		√
59	‘二色’桃	蔷薇科	*Amygdalus persica* 'Erse'	乔木		√			√		√
60	‘单粉’桃	蔷薇科	*Amygdalus persica* 'Danfen'	乔木		√			√		√
61	山桃	蔷薇科	*Amygdalus davidiana*	乔木	√				√		√
62	白花山碧桃	蔷薇科	*Amygdalus davidiana* 'Albo-plena'	乔木		√			√		
63	榆叶梅	蔷薇科	*Amygdalus triloba*	灌木		√			√		√
64	重瓣榆叶梅	蔷薇科	*Amygdalus triloba* f. *multiplex*	灌木		√			√		
65	扁核木	蔷薇科	*Prinsepia utilis*	灌木		√			√		√
66	水栒子	蔷薇科	*Cotoneaster multiflorus*	灌木		√					√
67	平枝栒子	蔷薇科	*Cotoneaster horizontalis*	灌木		√			√		√
68	山楂	蔷薇科	*Crataegus pinnatifida*	乔木		√			√		√
69	贴梗海棠	蔷薇科	*Chaenomeles speciosa*	灌木	√				√		√
70	小果海棠	蔷薇科	*Malus × micromalus*	乔木		√					
71	垂丝海棠	蔷薇科	*Malus halliana*	乔木		√					
72	‘王族’海棠	蔷薇科	*Malus* 'Royalty'	乔木		√			√		√
73	‘高原之火’海棠	蔷薇科	*Malus* 'Prairifire'	乔木		√			√		√
74	合欢	豆科	*Albizia julibrissin*	乔木			√				
75	紫荆	豆科	*Cercis chinensis*	灌木		√			√		
76	皂荚	豆科	*Gleditsia sinensis*	乔木		√			√		
77	槐	豆科	*Sophora japonica*	乔木			√				√
78	刺槐	豆科	*Robinia pseudoacacia*	乔木		√			√		
79	锦鸡儿	豆科	*Caragana sinica*	灌木		√			√		
80	胡枝子	豆科	*Lespedeza bicolor*	灌木			√		√		
81	紫藤	豆科	*Wisteria sinensis*	藤本		√			√		√
82	牛奶子	胡颓子科	*Elaeagnus umbellata*	灌木		√			√		√
83	沙枣	胡颓子科	*Elaeagnus angustifolia*	乔木		√				√	√
84	紫薇	千屈菜科	*Lagerstroemia indica*	灌木			√		√		
85	石榴	石榴科	*Punica granatum*	乔木			√	√	√		√
86	红瑞木	山茱萸科	*Swida alba*	灌木		√			√		√
87	毛梾	山茱萸科	*Swida walteri*	乔木			√		√		√
88	山茱萸	山茱萸科	*Cornus officinalis*	灌木	√				√		√
89	灯台树	山茱萸科	*Bothrocaryum controversum*	乔木		√			√		√
90	四照花	山茱萸科	*Dendrobenthamia japonica* var. *chinensis*	乔木		√			√		
91	‘密冠’卫矛	卫矛科	*Euonymus alatus* 'Compacta'	灌木		√			√		
92	丝绵木	卫矛科	*Euonymus maackii*	乔木		√			√		√
93	栾树	无患子科	*Koelreuteria paniculata*	乔木			√	√	√		√
94	文冠果	无患子科	*Xanthoceras sorbifolium*	乔木		√			√		

续表

延绿		生态功能						抗逆性							
幕期长		生物多样性支撑				改善空气									
			鸟类栖息地												
落叶晚	绿期长	蜜源植物	食源	停栖	筑巢	滞尘	抑菌	耐阴或半阴	耐寒	耐旱	耐水湿	耐瘠薄	耐盐碱	抗风	抗污染
		√	√												
		√	√						√	√	√				
		√							√						
		√	√						√	√		√			
			√	√					√						
			√	√					√						
			√	√					√						
				√											
				√											
				√											
			√						√						
			√						√						
			√						√						
		√	√						√	√		√			√
		√							√	√					
		√	√	√		√			√	√					
		√		√		√			√	√					
		√	√						√	√		√			
		√	√	√					√	√		√			
√	√	√	√	√						√		√		√	√
		√	√	√					√						√
	√		√					√	√			√			
	√	√	√	√					√	√		√	√		
			√	√											
	√		√	√					√	√					
	√		√	√					√	√					
		√								√		√	√	√	
		√		√					√	√		√			√
									√	√		√	√		√
		√		√	√	√	√		√	√				√	√
		√		√	√				√	√		√	√		√
		√								√		√			
		√							√	√		√			
		√		√						√		√			
		√	√							√		√	√		√
√	√	√	√						√	√		√	√		
				√			√								
			√												
			√	√				√	√	√		√			
										√		√			
			√					√	√	√					
									√	√					
									√	√					
	√								√	√	√	√			√
		√		√			√		√	√			√		√
		√	√						√	√			√		

序号	种名	科名	拉丁学名	生活型	“增彩延绿”景观特						
					增彩						
					观花			观叶			观果
					初春开花	仲春及暮春开花	夏秋季开花	春色叶	秋色叶	常年异色叶	
95	七叶树	七叶树科	*Aesculus chinensis*	乔木		√			√		
96	元宝枫	槭树科	*Acer truncatum*	乔木		√			√		√
97	茶条槭	槭树科	*Acer ginnala*	灌木		√			√		√
98	金叶复叶槭	槭树科	*Acer negundo* 'Aurea'	乔木	√				√	√	
99	‘秋焰’银红槭	槭树科	*Acer* × *freemanii* 'Sienna Glen'	乔木	√				√		
100	黄栌	漆树科	*Cotinus coggygria*	灌木		√			√		
101	黄连木	漆树科	*Pistacia chinensis*	乔木		√		√	√		√
102	臭椿	苦木科	*Ailanthus altissima*	乔木		√		√	√		√
103	枸橘	芸香科	*Poncirus trifoliata*	灌木		√			√		√
104	大叶醉鱼草	马钱科	*Buddleja davidii*	灌木			√				
105	‘金叶’莸	马鞭草科	*Caryopteris* × *clandonensis* 'Worcester Gold'	灌木			√			√	√
106	海州常山	马鞭草科	*Clerodendrum trichotomum*	灌木			√				√
107	荆条	马鞭草科	*Vitex negundo* var. *heterophylla*	灌木			√				
108	穗花牡荆	马鞭草科	*Vitex agnus-castus*	灌木			√				
109	木香薷	唇形科	*Elsholtzia stauntoni*	灌木			√		√		
110	洋白蜡	木犀科	*Fraxinus pennsylvanica*	乔木		√			√		
111	流苏树	木犀科	*Chionanthus retusus*	乔木		√			√		√
112	北京丁香	木犀科	*Syringa pekinensis*	乔木			√		√		
113	紫丁香	木犀科	*Syringa oblata*	灌木		√			√		
114	白丁香	木犀科	*Syringa oblata* var.*alba*	灌木		√					
115	波斯丁香	木犀科	*Syringa* × *persica*	灌木		√					
116	什锦丁香	木犀科	*Syringa* × *chinensis*	灌木		√					
117	巧玲花	木犀科	*Syringa pubescens*	灌木		√			√		
118	连翘	木犀科	*Forsythia suspensa*	灌木	√				√		
119	迎春	木犀科	*Jasminum nudiflorum*	灌木	√						√
120	毛泡桐	玄参科	*Paulownia tomentosa*	乔木		√					
121	梓	紫葳科	*Catalpa ovata*	乔木			√		√		
122	楸	紫葳科	*Catalpa bungei*	乔木		√			√		
123	黄金树	紫葳科	*Catalpa speciosa*	乔木		√			√		
124	美国凌霄	紫葳科	*Campsis radicans*	藤本			√				
125	薄皮木	茜草科	*Leptodermis oblonga*	灌木			√				
126	六道木	忍冬科	*Abelia biflora*	灌木		√					
127	糯米条	忍冬科	*Abelia chinensis*	灌木			√				
128	蝟实	忍冬科	*Kolkwitzia amabilis*	灌木		√			√		
129	‘红王子’锦带	忍冬科	*Weigela florida* 'Red Prince'	灌木		√			√		
130	天目琼花	忍冬科	*Viburnum opulus* var. *calvescens*	灌木		√			√		√
131	欧洲雪球	忍冬科	*Viburnum opulus*	灌木		√					
132	香荚蒾	忍冬科	*Viburnum farreri*	灌木	√						√
133	黑果荚蒾	忍冬科	*Viburnum melanocarpum*	灌木		√			√		√
134	红蕾荚蒾	忍冬科	*Viburnum carlesii*	灌木		√					
135	金银忍冬	忍冬科	*Lonicera maackii*	灌木		√			√		√
136	郁香忍冬	忍冬科	*Lonicera fragrantissima*	灌木	√				√		√
137	新疆忍冬	忍冬科	*Lonicera tatarica*	灌木		√					√
138	接骨木	忍冬科	*Sambucus williamsii*	灌木		√			√		√

续表

延绿		生态功能						抗逆性							
幕期长		生物多样性支撑				改善空气									
			鸟类栖息地												
落叶晚	绿期长	蜜源植物	食源	停栖	筑巢	滞尘	抑菌	耐阴或半阴	耐寒	耐旱	耐水湿	耐瘠薄	耐盐碱	抗风	抗污染
		√						√		√					√
		√	√	√	√	√		√		√		√		√	
		√	√	√				√	√						
									√	√					√
									√	√		√			
										√	√	√		√	√
			√	√		√	√		√	√		√	√	√	√
		√	√												
		√							√	√					
		√							√				√		
			√	√						√	√				√
		√							√	√		√			
		√							√	√		√			
		√	√							√		√			
			√	√	√	√			√	√	√		√		√
			√						√	√					√
		√		√					√	√		√			√
	√	√	√	√		√	√		√	√			√		√
	√	√	√	√					√	√					
		√							√	√					
		√								√					
		√							√						
			√	√			√		√	√		√			√
				√					√	√					
		√		√	√		√			√					√
			√	√											√
		√	√	√	√					√					√
			√												
									√	√					
								√	√	√		√			
								√	√	√		√			
√	√	√	√	√				√		√		√			√
	√	√						√	√						
		√		√				√	√	√		√			√
		√	√	√		√		√	√	√					√
									√						√
	√	√	√					√	√						√
√	√		√					√	√						
√	√	√	√					√	√						
			√	√	√	√	√	√	√	√			√		
√	√	√	√	√				√	√						
			√					√	√						
		√	√					√	√						√

图书在版编目（CIP）数据

北京常见园林绿化树木物候手册 = PHENOLOGY MANUAL OF WOODY PLANTS IN BEIJING URBAN GREEN SPACES / 董丽等著. —北京：中国建筑工业出版社，2020.2
ISBN 978-7-112-24707-3

Ⅰ.①北… Ⅱ.①董… Ⅲ.①园林树木–物候学–北京–手册 Ⅳ.①S68-62 ②Q948.112-62

中国版本图书馆CIP数据核字（2020）第016387号

责任编辑：兰丽婷
书籍设计：韩蒙恩
责任校对：张惠雯

北京常见园林绿化树木物候手册
Phenology Manual of Woody Plants in Beijing Urban Green Spaces
董丽　等著
*
中国建筑工业出版社出版、发行（北京海淀三里河路9号）
各地新华书店、建筑书店经销
北京锋尚制版有限公司制版
北京富诚彩色印刷有限公司印刷
*
开本：787毫米×1092毫米　1/16　印张：11½　插页：3　字数：406千字
2020年11月第一版　2020年11月第一次印刷
定价：138.00元
ISBN 978-7-112-24707-3
（35129）